工程建设新技术丛书

GPS在建筑施工中的应用

张希黔　黄声享　姚　刚　编著

中国建筑工业出版社

图书在版编目（CIP）数据

GPS在建筑施工中的应用/张希黔，黄声享，姚刚编著．—北京：中国建筑工业出版社，2003
（工程建设新技术丛书）
ISBN 7-112-05967-4

Ⅰ.G...　Ⅱ.①张...②黄...③姚...　Ⅲ.全球定位系统（GPS）-应用-建筑工程-工程施工　Ⅳ.TU7

中国版本图书馆CIP数据核字（2003）第071215号

工程建设新技术丛书
GPS在建筑施工中的应用
张希黔　黄声享　姚　刚　编著

*

中国建筑工业出版社出版、发行（北京西郊百万庄）
新　华　书　店　经　销
北京蓝海印刷有限公司印刷

*

开本：850×1168毫米　1/32　印张：7⅞　字数：210千字
2003年11月第一版　2003年11月第一次印刷
印数：1—3000册　定价：**25.00**元
ISBN 7-112-05967-4
TU·5244（11606）

本社网址：http：//www.china-abp.com.cn
网上书店：http：//www.china-building.com.cn

本书系统阐述了 GPS 在建筑工程施工中应用的基本理论、技术和方法，注重理论的实际应用，反映了 GPS 在土木工程中的最新研究成果。全书共分八章，内容包括：GPS 技术的最新发展及其在土木工程中应用现状与展望；GPS 卫星定位基础与定位的基本原理；GPS 在建筑施工中应用的技术设计、组织实施、作业方法、数据处理、成果质量与误差分析；结合大型建筑工程施工实例，详细介绍了测量基准传递、日照变形观测和动态特性测定等 GPS 技术应用成果等。

本书可作为土木与建筑工程勘察设计、施工、安全运营与管理等方面的工程技术人员参考，也可供高等学校土木工程等相关专业作为教材使用。

* * *

责任编辑 郦锁林
责任设计：孙 梅
责任校对：王金珠

前　言

以 GPS 为代表的空间定位技术已在许多行业领域得到推广应用，在高精度定位与导航方面体现出传统方法不可比拟的优越性。在土木工程领域，比如，大坝、桥梁、公路等工程的勘测设计、施工和安全运营管理方面，GPS 也得到了很好的应用，并已逐步替代常规测量技术。

1999 年底，中建三局与武汉大学测绘学院（原武汉测绘科技大学）合作，对国家建设部新技术应用示范工程“厦门建设银行大厦”的建筑施工，首次应用 GPS 进行测量定位基准传递、日照变形观测、工程结构自振特性测定等试验研究工作，取得了非常令人鼓舞的成果。2001 年初，经中建总公司组织的专家鉴定，该项技术达到国际先进水平，经技术查新，在国际和国内均属首创，并且在工程的玻璃幕墙安装过程中，创造了显著的直接经济效益。结果表明，GPS 在建筑施工中具有重要的应用推广价值，目前已引起建筑行业的极大兴趣和关注，是一项改造和提升传统建筑施工水平的高新技术。

鉴于此，为了推动 GPS 在建筑施工中的应用，我们及时组织相关技术人员对已有研究成果进行全面系统的总结，形成了本书的写作纲要，于 2003 年 4 月完稿。本书共分八章：

第一章，作为概述，介绍 GPS 的特点、系统组成及其最新发展，并对 GPS 在土木工程中的应用现状和未来进行论述；

第二章和第三章，分别论述 GPS 卫星定位基础及其基本原理；

第四章、第五章和第六章，重点结合建筑施工的特点，详细论述 GPS 应用的技术设计、组织实施、作业方法、数据处理、成果质量及其误差分析等问题；

第七章和第八章，是建筑工程实际应用问题。着重结合“厦门建设银行大厦”的工程施工，对GPS定位控制方案、基准传递技术的实际结果及其日照变形监测等问题进行介绍，并结合超高层建筑、大型桥梁、大坝等几个典型工程的GPS动态监测试验，介绍GPS应用所取得的成果。

本书可作为土木与建筑工程勘察设计、施工、安全运营与管理等方面的工程技术人员参考，同时也适合于高等学校土木工程专业作为教材使用。

本书应该说是集体智慧的结晶。在此，向曾经参与和支持过项目工作的中建三局科技部、中建三局三公司厦门分公司、武汉大学测绘学院、中建总公司科技开发部等有关领导和工程技术人员深表感谢。本书的出版得到了中国建筑工业出版社的大力支持，在此深表谢意。

限于我们的水平，书中不当之处恳请读者批评指正。

作者

2003年4月

目　　录

第1章　概　述

1.1　GPS卫星定位技术的发展及特点

1.1.1　GPS的发展历程

自1957年10月世界上第一颗人造地球卫星发射成功以来，人类在空间科学领域取得了一个又一个的重大突破。人造地球卫星技术在军事、通讯、气象、资源勘察、导航、遥感、大地测量、地球动力学以及天文的众多领域得到了极其广泛的运用。目前，GPS技术在建筑勘察、设计、施工、运营管理等方面的应用已开始起步，可以预见，随着GPS技术基础理论及其设备的进一步完善和发展，其广泛应用于建筑业这一传统产业将为时不远。

(1) 早期的卫星定位技术

所谓卫星定位技术是利用人造地球卫星来精确测定地面点的位置及其随时间的变化状况的一整套方法、理论和技术。起初，是把人造地球卫星作为一种空间的观测目标，由地面人卫摄影仪对卫星进行摄影观测，确定测站至卫星的方向，建立卫星大地网；或用激光测卫技术对卫星进行测距，确定地面测站至卫星的距离，建立卫星测距网。这种把卫星作为空间观测目标，在很大程度上解决了常规定位方法难以实现的远距离目标联测问题，在当时（20世纪60年代至70年代）该技术曾一度成为卫星大地测量的主要技术之一。但是，由于该观测方法受卫星可见条件及天气的影响，不仅费时费力，定位精度低，而且不能测得点位的地心坐标。比如，1967~1971年间，美国国家大地测量局在英国和德国测绘部门的协助下，采用人卫摄影观测方法布设过著名的全球卫星大地网——BC－4网，该网由45个站组成，点位精度为±4.1m。

由于卫星三角测量的局限性，所以，后来就很快致力于把卫星作为空间动态已知点的研究，发展了卫星多普勒定位。1964年，美国建成了第一代卫星导航定位系统，也称海军导航卫星系统（NNSS：Navy Navigation Satellite），又称子午卫星导航系统。该系统是采用多普勒测量来定轨和定位的。系统的卫星星座一般由6颗卫星组成，其平均轨道高度约为1070km，从测点上接受子午卫星系统发出的无线电信号，在地球表面进行单点定位或联测定位，以此获得测站点的三维地心坐标。1967年7月，该系统部分导航电文解密供民用，20世纪70年代中期，我国开始引进多普勒接收机，进行了西沙群岛的大地测量基准联测，于1980年布设了由37个点组成的全国卫星多普勒大地网，此外，石油和地质勘探部门在西北等地布设了数千个多普勒点，为国民经济建设发挥过重要作用。

但是，由于多普勒卫星定位的自身局限性，致使一次定位所需时间过长，作业效率偏低，进行测量的真正工作时间一般不足20%；不是一个连续的导航定位系统，不能实现实时导航定位；定位精度也偏低，一般只能获得分米级至米级的定位精度。正因为多普勒导航定位应用受到的较大局限，所以当该系统投入工作后不久，美国国防部就着手研制第二代卫星导航定位系统——全球定位系统（GPS）。

(2) 全球定位系统（GPS）

实质上，美国在1967年将NNSS子午卫星导航系统的导航电文解密公开时，就已开始GPS的建立计划。1973年12月，美国国防部正式批准它的陆海空三军联合研制一种新的卫星导航系统——NAVSTAR/GPS，其英文全称是“Navigation Satellite Timing And Ranging/Global Positioning System”，意为“卫星测时测距导航/全球定位系统”，简称GPS。GPS是以卫星为基础的无线电导航定位系统，具有全能性（陆地、海洋、航空和航天）、全球性、全天候、连续性和实时性的导航、定位、定时的功能，能提供精密的三维坐标、速度和时间参数。

GPS 计划可分为四期工程：第一期（1967~1973 年）为预研阶段，发射了 TⅠ和 TⅡ两颗卫星；第二期工程（1974~1978 年）为制定方案和方案论证，包括制定规划、总体设计、理论研究、发射实验卫星、研制用户接收机等；第三期工程（1979~1987 年）为系统论证，包括系统试验、操作控制系统的研制和运转、工作卫星的研制等等；第四期工程（1988~1993 年）为生产实验，包括生产作业和发展应用。

整个系统包括卫星星座、地面控制和监测站、用户设备三大部分。GPS 系统在论证阶段共发射了 11 颗 BLOCKⅠ型试验卫星，生产实验阶段发射了多颗 BLOCKⅡ型、BLOCKⅡA 型和第三代 BLOCKⅡR 型卫星，GPS 卫星系统由此而建成。

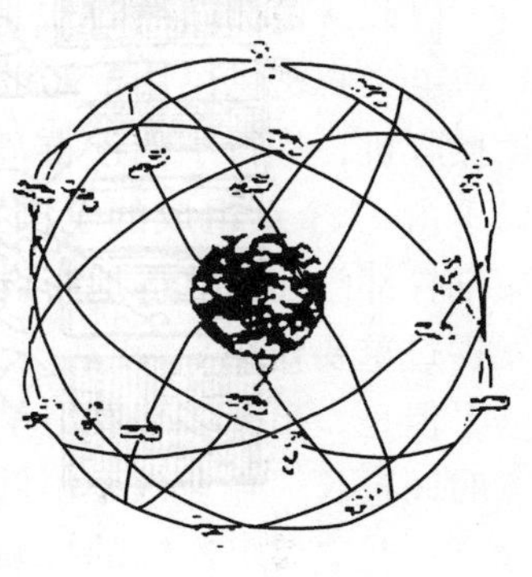

图 1-1　GPS 卫星星座

图 1-1 为由 24 颗卫星构成的 GPS 卫星星座，其基本参数包括：卫星颗数 21+3；卫星轨道面个数 6；卫星高度 20200km；卫星轨道倾角 55°；卫星运行周期为 11h58min（恒星时为 12h）；载波频率为 L_1 = 1575.42MHz（波长约 19cm）和 L_2 = 1227.60MHz（波长约 24cm）。当截止高度角取 15°时，GPS 卫星星座能保证地球表面上的任一地点的用户在任一时刻同时观测到 4~8 颗卫星，当截止高度角取 10°时，最多能同时观测到 10 颗 GPS 卫星；当截止高度角取 5°时，最多能同时观测到 12 颗 GPS 卫星。2000 年底，GPS 卫星星座是由 23 颗 BLOCKⅡ和 BLOCKⅡA 卫星，以及 5 颗 BLOCKⅡR 卫星组成的，在一般情况下，用户能同时观测到 7~8 颗卫星。

图 1-2 为 GPS 工作卫星的外部形态。其在轨重量是

843.68kg，设计寿命为七年半。当卫星进入预定轨道后，依靠太阳能电池和镉镍蓄电池供电，维护正常工作。每颗卫星有一个推力系统，以便使卫星轨道保持在适当的位置。GPS 卫星通过 12 根螺旋型天线组成的阵列天线发射张角大约为 30°的电磁波束，覆盖卫星的可见地面。卫星姿态调整采用三轴稳定方式，由四个斜装惯性轮和喷气控制装置构成三轴稳定系统，致使螺旋天线阵列所辐射的波束对准卫星可见地面。

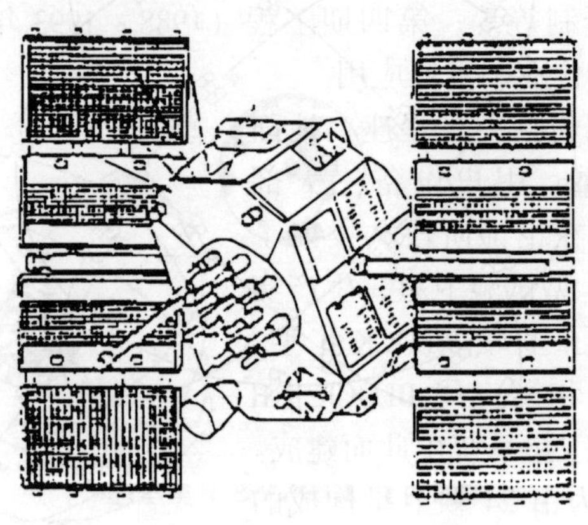

图 1-2 GPS 卫星外形图

(3) 其他卫星定位系统

1) GLONASS 全球导航卫星系统

GLONASS (GLObal navy NAvigation Satellite System) 全球导航卫星系统的起步比 GPS 要晚 9 年，是前苏联（后由俄罗斯接管）于 20 世纪 80 年代开始建立的。1982 年 10 月 12 日发射了第一颗 GLONASS 卫星，历经 13 年的努力，于 1996 年完成整个系统的建设。GLONASS 系统与 GPS 非常相似，它由空间卫星星座、地面控制和用户设备三大部分组成。系统的基本参数为：卫星颗数 21+3；有三个等间隔椭圆轨道，轨道面间的夹角为 120°；轨道倾角 64.8°；轨道偏心率为 0.01；每个轨道上等间隔地分布 8 颗卫星；卫星高度 19100km；卫星绕地球运行一周的周期约为 11h15min；卫星的载波频率 L_1 为 1602～1616MHz，L_2 为 1246～1256MHz。由于 GLONASS 卫星的轨道倾角大于 GPS 卫星的轨道倾角，所以它更适合于高纬度地区的导航定位。图 1－3 为 GLONASS 卫星星座。

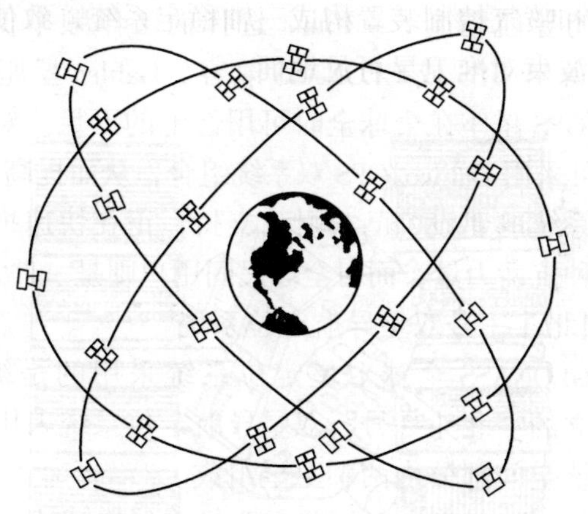

图 1－3　GLONASS 卫星星座

2）Galileo（伽利略）系统

卫星导航定位技术的发展使国际社会公认，21 世纪无线电导航定位技术将以卫星导航系统为主。但作为全球统一的卫星导航系统不可能完全依靠在某国军用系统上，它必须是可以放心使用、安全可靠的国际管理运行的纯民用系统。由于目前运行的 GPS 和 GLONASS 都是军用系统，且 GPS 占主要地位。为了打破美国 GPS 一统天下的局面，欧盟决定启动 Galileo（伽利略）计划，建立自主的民用全球卫星定位系统。

Galileo 系统的发展计划为：1999 年 7 月～2000 年 12 月为定义阶段；2000～2002 年为系统技术研究；2001～2003 年为系统设计及开发；2003～2006 年为在轨测试及验证；2006～2008 年为系统部署、运行。整个系统将于 2008 年建成，投入使用。欧盟把

Galileo 计划作为其第一大项目，该系统建成后将为全球民间用户在许多新领域应用卫星导航技术提供更好的服务，同时也为欧盟各国发展卫星导航技术产业提供机遇。

Galileo 系统的星座结构由 30 颗中轨道卫星组成，预计在 2003 年开始发射卫星入轨。该系统预定精度远高于 GPS 的民用精度，预定的导航精度 5 ~ 10m。选择的工作频率仍为 L 频段，以便用户设备与 GPS 或 GLONASS 兼容。Galileo 星座建成后将可以弥补目前 GPS 星座在全球全时可用性上的不足。对于安全要求高的应用，可采用 Galileo/GPS 双系统组合，从而提高安全可靠性。目前 Galileo 系统的建设，已获财政支持，正在快速推进，这对美国 GPS 是一种抗衡力量，而对全球民间用户则是一件大好事。

3）中国北斗一号双星导航定位系统

GPS 和 GLONASS 全球卫星定位系统采用的是被动式定位，而由我国建立的“北斗一号”双星导航定位系统采用的是主动式定位。该系统空间部分由两颗卫星组成。

2000 年 10 月 31 日 0 时 2 分在西昌卫星发射中心用“长征三号甲”运载火箭将我国自行研制的第一颗“北斗导航试验卫星”送入预定轨道，12 月 21 日发射升空了我国第二颗“北斗导航试验卫星”，使构成的“北斗导航系统”标志着我国拥有了自主研制的第一代卫星导航定位系统。这两颗卫星位于赤道上空 36000km，分别在东经 80°和 140°，是地球同步轨道大功率长寿命导航定位卫星。由于系统采用的是主动式定位，如图 1 – 4 所示，所以整个用户接收机都要有收发两个天线，上行是 L 波段，下行是 S 波段。用户定位需要先发射一个请求定位信号，通过 SV1、SV2 卫星转发给地面中心站，经过这样的收发，中心站即可得到每颗卫星到用户接收机的距离 $D1$、$D2$。若用户接收机的高程已知，即可求得用户的二维平面坐标。中心站计算出用户位置通过卫星转发给用户。

双星定位系统是一个二维定位系统，其定位精度决定于高程精度。服务范围包括我国大陆及东南海域，属区域性系统，将来可以发展成为准全球性系统（用 6 颗卫星）。北斗一号系统的投资较少，适合我国当前经济能力和各有关方面的需求，在需要导航定位与移动数据通信相结合的场合更是有的放矢。北斗导航定位系统比 GPS、GLONASS 多了一个数据通信的功能，所以它的用途要宽广很多。

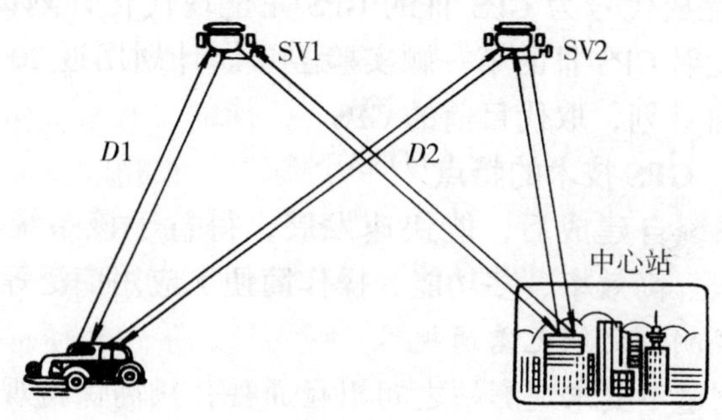

图 1－4　北斗双星定位系统

（4）GPS 现代化

为了保持 GPS 系统在卫星导航定位系统以及 GPS 产业中的领先地位，1999 年 1 月美国提出了 GPS 现代化的计划。GPS 现代化计划的内涵是：①更好地保护美方利益和使用，发展军码和强化军码的保密性能，加强抗干扰能力；②阻扰敌对方的使用，施加干扰，施加 SA 和 AS 等；③保持在有威胁地区以外的民用用户有更精确更安全的使用。

GPS 现代化计划的进程如下：

1）GPS 现代化第一阶段，发射 12 颗改进型的 GPS BLOCKⅡR 型卫星，它们具有一些新的功能。在 L_2 上加载 C/A 码；在 L_1 和 L_2 上播发 P（Y）码的同时，在这两个频率上换试验性的同时加载新的军码（M 码）；GPS BLOCKⅡR 型的信号发射功率，不论在民用通道还是军用通道上都有很大提高。

2）GPS 现代化第二阶段，发射 6 颗 GPS BLOCKⅡF 型卫星。GPS BLOCKⅡF 型卫星除了有 GPS BLOCKⅡR 型卫星的功能外，更进一步强化发射 M 码的功率和增加发射 L_5 频率。GPSⅡF 型卫星的第一颗发射不迟于2005年。到2008年，在空中运行的GPS卫星中，至少有18颗BLOCKⅡF型卫星，以保证M码的全球覆盖。到2016年，GPS卫星系统应全部以ⅡF卫星运行，共计24+3颗。

3）GPS现代化计划的第三阶段，发射GPS BLOCKⅢ型卫星，在2003年完成代号为GPS Ⅲ的GPS完全现代化计划设计工作。2008年要发射GPS Ⅲ的第一颗实验卫星。计划用近20年的时间完成GPS Ⅲ计划，取代目前的GPS。

1.1.2 GPS技术的特点

GPS系统自建成后，能快速发展，得益于该系统具有高精度、全天候、高效率、多功能、操作简便、应用广泛等特点。

(1) 观测站之间无需通视

GPS测量不要求观测站之间相互通视，只需保持观测站上空开阔即可。因此可大量节省造标费用（造标费约占总费用的30%~50%）。由于无需点间通视，点位位置可根据需要灵活布设，也可省去经典测量控制网中的传递点、过渡点的测量工作。

(2) 定位精度高

GPS的工程应用表明，其相对定位精度在50km以内可达10^{-6}，100~500km可达10^{-7}，1000km以上可达10^{-9}。在300~1500m工程精密定位中，1h以上观测的解，其平均平面误差小于1mm。GPS在高层建筑的基准传递中，其绝对位置平面精度优于±5mm，高程精度优于±8mm。

(3) 观测时间短

随着GPS系统的不断完善，软件与硬件的不断更新，目前，20km以内相对静态定位，仅需15~20min；快速静态相对定位测量时，当每个流动站与基准站相距在15km以内时，流动站观测时间只需1~2min；动态相对定位测量时，流动站出发时观测时间只需1~2min，然后随即定位，每站观测时间仅需几秒钟。

(4) 提供三维坐标

传统测量控制是将平面和高程采用不同的方法分别施测。而

GPS测量在精确测定观测站平面位置时，还可以精确测定观测站的大地高程。

(5) 操作简便

GPS测量的自动化程度非常高，有的已达到“傻瓜化”的程度，操作员只需安装并开关仪器、量取仪器高度和监视仪器工作状态，其他工作则由GPS接收机自动完成。接收机的体积越来越小，重量亦越来越轻，便于携带和搬运。

(6) 全天候作业

GPS观测可以在1天24h内的任何时间任何地点连续进行，且不受天气状况的影响。

(7) 功能多，应用广

GPS系统不仅可用于定位、导航，还可用于测速、测时。测速的精度可达0.1m/s，测时的精度可达几十纳秒。其应用领域正不断扩大。

1.2 GPS系统的组成

GPS系统包括三大部分：空间部分——GPS卫星；地面控制部分——地面监控系统；用户设备部分——GPS信号接收机。

GPS卫星可连续向用户播发用于进行导航定位的测距信号和导航电文，并接收来自地面监控系统的各种信息和命令以维持正常运转。地面监控系统的主要功能是：跟踪GPS卫星，确定卫星的运动轨道及卫星钟改正数，进行预报后，再按规定格式编制成导航电文并通过注入站送往卫星，地面监控系统还能通过注入站向卫星发布各种指令，调整卫星的轨道及时钟读数，修复故障或启用备用件等。用户则用GPS接收机来测定从接收机至GPS卫星的距离，并根据卫星星历所给出的观测瞬间卫星在空间的位置等信息求出自己的三维位置、三维运动速度和钟差等参数。目前美国正致力于进一步改善整个系统的功能，如通过卫星间的相互跟踪来确定卫星轨道，以减少对地面监控系统的依赖程度，增强系统的自主性。

1.2.1 空间部分

GPS 卫星星座由 21 颗工作卫星和 3 颗在轨备用卫星组成。如图 1－1，24 颗卫星均匀分布在 6 个轨道平面内，轨道倾角为 55°，各轨道平面升交点的赤经相差 60°，每个轨道平面内各颗卫星之间的升交角距相差 90°，一轨道平面上的卫星比西边相邻轨道平面上的相应卫星超前 30°。在 20000km 高空的 GPS 卫星，当地球对恒星来说自转一周时，它们则绕地球运行两周，即绕地球一周的时间为 12 恒星时。因此，对于地面观测者来说，每天将提前 4min 见到同一颗 GPS 卫星。位于地平线以上的卫星颗数则随着时间和地点的不同而不同，最少可看见 4 颗，最多可看见 11 颗。在用 GPS 信号导航定位时，为了解算测站的三维坐标，必须观测 4 颗 GPS 卫星，称为定位星座。

GPS 卫星的主体呈圆柱形，直径约 1.5m，重约 800kg，两侧设有 2 块双叶太阳能板，能自动对日定向，以保证卫星正常工作用电（图 1－2）。GPS 卫星的核心部件是高精度的时钟、导航电文存储器、双频发射和接收机以及微处理机。每颗 GPS 卫星装有 4 台高精度原子钟（2 台铷钟和 2 台铯钟），原子钟将发射标准频率，为 GPS 提供高精度的时间标准。

GPS 卫星的基本功能是：接收和储存由地面监控站发来的导航信息，接收并执行监控站的控制指令；利用星载微处理机，进行必要的数据处理工作；通过星载高精度的铷钟和铯钟提供精密的时间标准；向用户发送导航和定位信息；在地面监控站的指令下，通过推进器调整卫星的姿态和启用备用卫星。

1.2.2 地面监控部分

支持 GPS 整个系统正常运行的地面设施称为地面监控部分。对于导航定位来说，GPS 卫星是一动态已知点。卫星的位置是依据卫星发射的星历——描述卫星运动轨迹及其轨道参数算得的。每颗 GPS 卫星所播发的星历，是由地面监控系统提供的。卫星上的各种设备是否正常工作，以及卫星是否一直沿着预定轨道运行，都要由地面设备进行监测和控制。地面监控系统另一重要作用是保持每颗卫星处于同一标准时间——GPS时间系统。这就需要地面站监测各颗卫星的时间，求出钟差，然后由地面注入站发给卫星，卫星再由导航电文发给用户设备。

GPS工作卫星的地面监控系统是由1个主控站、3个注入站、5个监测站以及通讯与辅助系统组成，图1－5为GPS地面监控系统的地理分布情况。

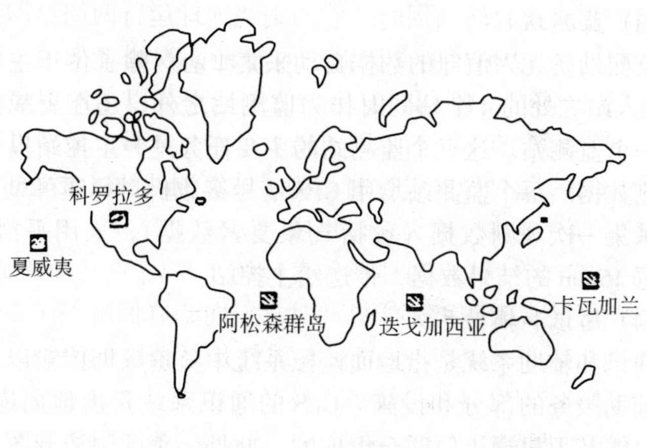

图1－5　GPS地面监控站的分布图

（1）主控站

主控站设在美国本土科罗拉多州（Colorado）的联合空间工作中心。主控站的任务是收集处理本站和监测站收到的全部资料，编算出每颗卫星的星历和GPS时间系统，将预测的卫星星历钟差状态数据以及大气传播改正编制成导航电文送到注入站。主控站还负责纠正卫星轨道偏离，必要时调度卫星，让备用卫星取代失效的工作卫星。另外，主控站还负责监测整个地面监控系统的工作，检验注入给卫星的导航电文，监测卫星是否将导航电文发给了用户。

(2) 注入站

3个注入站分别设在印度洋的迭戈加西亚岛（Diego Garcia）、大西洋的阿松森岛（Ascension）和太平洋的卡瓦加兰岛（Kwajalein）。注入站的主要任务是将主控站推算和编制的卫星星历、钟差、导航电文和其他控制指令等注入到相应卫星的存储器，并监测注入信息的正确性。另外，注入站还能自动向主控站发射信号，每分钟报告一次自己的工作状态。

(3) 监测站

监测站是无人值守的数据自动采集中心。除了位于主控站和3个注入站之处的4个站同时作为监测站之外，还在夏威夷岛设立了一个监测站。这五个监测站的主要任务是为主控站提供卫星的观测数据。每个监测站均用GPS信号接收机对每颗可见卫星每1.5s采集一次观测数据（包括气象要素数据），采用平滑方法，获得每15min的结果数据，传送给主控站。

(4) 通讯和辅助系统

通讯和辅助系统是指地面监控系统中负责数据传输以及提供其他辅助服务的部分和设施。GPS的通讯系统是由地面通讯线、海底电缆及卫星通讯等联合组成的。此外，美国国防制图局提供有关极移和地球自转的数据以及各监测站的精确地心坐标。美国海军天文台提供精确的时间信息。

1.2.3 用户部分

用户部分是由用户及GPS接收机等仪器设备组成的。GPS信号接收机是由带前置放大器的接收天线、信号处理设备、输入输出设备、电源和微处理器等部件组成的，其任务是：能够捕获到按一定卫星高度截止角所选择的待测卫星的信号，并跟踪这些卫星的运行，对所接收到的GPS信号进行变换、放大和处理，以便测量出GPS信号从卫星到接收机天线的传播时间，解译出GPS卫星所发送的导航电文，实时地计算出测站的三维位置，甚至三维速度和时间。根据用途的不同，GPS接收机可分为导航型接收机、测量型接收机、授时型接收机等。按接收的卫星信号频率数可分为单频接收机和双频接收机。

GPS 接收机的结构分为天线单元和接收单元两大部分。天线单元是由接收天线和前置放大器组成的，接受单元由信号波道、存储器、计算与显示器等组成。对于测地型 GPS 接收机，两个单元一般是独立的部件，观测时将天线单元安置在测站上，接收单元置于测站附近，用电缆将两者连接成一个整机；目前，也有将天线单元和接收单元制作成一个整体的，观测时将其直接安置在测站上。GPS 接收机一般用蓄电池作为电源。一块电池一般能供接收机连续观测 5~8h。长期连续观测时可采用交流电经整流器整流后供电，也可以采用汽车电瓶等大容量电池来供电。除外接电源外，接收机内部一般还配备有机内电池，当接收机关机后为接收机钟和 RAM 存储器供电。

目前，国内引进了各种类型的 GPS 测地型接收机，其双频接收机的精密相对定位精度可达 5mm + 1ppm·D，单频接收机在一定距离内定位精度可达 10mm + 2ppm·D。各种类型的 GPS 接收机体积越来越小，重量越来越轻，便于野外作业。图 1－6 是几种 GPS 接收设备的示意图。

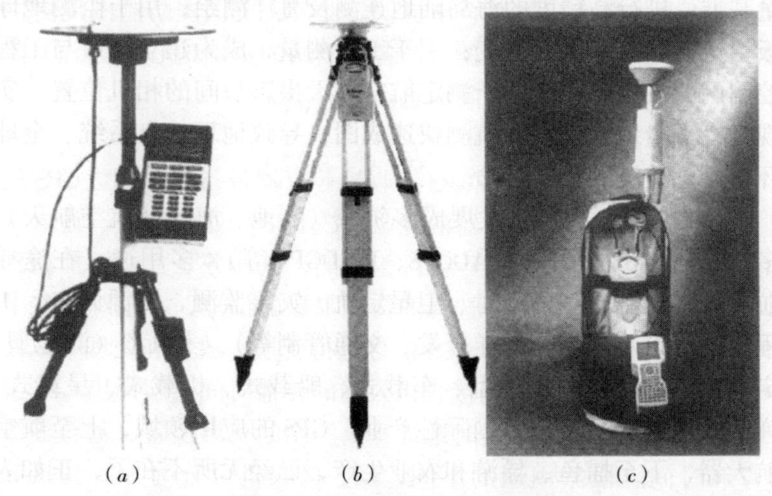

（a）　（b）　（c）

图 1－6　GPS 接收设备示意图

1.3 GPS在土木工程中的应用现状与展望

1.3.1 GPS技术的应用前景

在GPS系统设计之初，其主要目的是使GPS系统能够在陆海空3个领域内提供实时、全天候和全球性的导航服务，并用于情报收集、核爆监测和应急通讯等一些军事目的。但是，后来的应用开发表明，GPS系统不仅能够达到上述目的，而且用GPS卫星发送的导航定位信号能够进行厘米级甚至毫米级精度的静态相对定位，米级至亚米级的动态定位，亚米级甚至厘米级精度的速度测量和纳秒级精度的时间测量。因此，GPS系统展现了极其广泛的应用前景。

(1) GPS系统应用广泛

用GPS信号可以进行海陆空的导航、导弹的制导、大地测量和工程测量的精密定位、时间的传递和速度的测量等。对于测绘领域，GPS卫星定位技术已经用于建立高精度的全国性大地测量控制网，测定全球性的地球动态参数；用于建立陆地海洋大地测量基准，进行高精度的海岛陆地连测及海洋测绘；用于监测地球板块运动状态和地壳形变；用于工程测量，成为建立城市与工程控制网的主要手段。用于测定航空航天摄影瞬间的相机位置，实现仅有少量地面控制的航测快速成图，导致地理信息系统、全球环境遥感监测的技术革命。

总之，GPS技术已发展成多领域（陆地、海洋、航空航天）、多模式（GPS、DGPS、LADGPS、WADGPS等）、多用途（在途导航、精密定位、精确定时、卫星定轨、灾害监测、资源调查、工程建设、市政规划、海洋开发、交通管制等）、多机型（测地型、定时型、手持型、集成型、车载式、船载式、机载式、星载式、弹载式等）的高新技术国际性产业。GPS的应用领域，上至航空航天器，下至捕鱼、导游和农业生产，已经无所不在了，正如人们所说的“今后GPS的应用，将只受人类想像力的制约”。

(2) 多元化空间资源环境的出现

目前，GPS、GLONASS、INMARSAT 等系统都具备了导航定位功能，加上中国的“北斗一号”和欧洲计划的 Galileo（伽利略）系统，已形成多元化的空间资源环境，它促使国际民间形成一个共同的策略，对现有系统进行充分利用，从根本上摆脱对单一系统的依赖，形成国际共有、国际共享的安全资源环境。这样，世界才可进入将卫星导航作为单一导航手段的最高应用境界。国际民间的这一策略，反过来又影响和迫使美国对其 GPS 使用政策作出更开放的调整。

(3) GPS 产业化

在美国 GPS 政策逐步向国际民间开放下，GPS 产业兴起并进入良性循环。GPS 普及产品将进入消费者市场，其专业产品正在渗透到各科学技术部门，并与有关技术相集成。GPS 服务体系正在自发形成，跟踪、监测、差分应用的站网分散建设，各自独立运行，将逐步引入有序发展的道路。GPS 政策的总统决策指令中说：“GPS 正在迅速地成为全球信息基础设施的集成部分，其应用包括了从测绘与勘测到国际空中交通管理和全球性变迁研究的广泛领域。来自军用、民用、商业和科学用户需求的增长已使美国和商用 GPS 设备和服务的产业处于世界领导地位，对基本 GPS 进行的增强服务又进一步扩大了民用和商业市场”。其政策目标中包括“鼓励全世界接受 GPS，并将其集成到和平民用、商用和科学应用中去，……提高美国的科学和技术能力”。美国要求长远地保持 GPS 技术的全球领导地位，进一步发展美国的 GPS 产业，使其长盛不衰。

自 20 世纪 80 年代末我国引进 GPS 接收机以来，在理论研究、应用技术开发、接收机制造等方面不断取得发展。在“九五”期间，以 GPS 技术应用为代表的民用卫星导航、定位技术日趋成熟，已在各行业得到广泛应用，极大地提高了传统生产作业的效率与精度，解放了高强度的体力劳动。我国自主的导航定位系统整体方案已付诸实施，与国际先进系统相近的自主系统在理论、整体方案设计、关键技术上也有了长足的发展。

随着高新技术的不断发展，各行业技术的相互交叉以及发展领域的相互渗透，卫星技术应用走向产业化已是大势所趋，成为不可阻挡的事实。我国GPS产业化的目标是：充分发挥高新技术创新主体的主导作用，以市场牵动方式为主，开发面向广大GPS用户终端的成本低、适用性强的系列产品，逐步提高市场占有率，实现规模经营。开发自主版权的模块化构架产品，研制自主的多功能、标准化系统软件，发展自主车辆导航、监控调度等集成系统产品，规范国内市场结构、运转机制和竞争环境，形成健康、有序的市场体系。

(4) GPS的应用将进入人们的日常生活

GPS信号接收机在人们生活中的应用，是一个难以用数字预测的广阔天地，手提式的GPS接收机将成为旅游者的忠实导游。尽管目前大多数人还不知道什么是GPS，但可以预见，GPS将改变人们的生活方式，GPS就像移动电话、传真机、计算机互联网对我们的生活的影响一样，变得无法离开。

1.3.2 GPS技术在我国土木工程领域的应用现状

近年来，工业、交通、能源和建筑系统等各部门都引进了GPS接收机，促进了GPS技术在我国的发展。国家和行业先后制定了《全球定位系统城市测量技术规程》（CJJ 73—97）和《全球定位系统（GPS）测量规范》（GB/T 18314—2001）等标准。GPS技术在土木工程领域的应用主要表现在大坝、桥梁、隧道、公路、建筑等方面的测量及定位控制。

(1) 大坝变形监测

隔河岩水库位于湖北省长阳县境内，是清江中游的一个水利水电工程——隔河岩水电站。水库大坝为三圆心变截面混凝土重力拱坝，坝长653m，坝高151m。隔河岩大坝外观变形GPS自动化监测系统于1998年3月投入运行，系统由包括数据采集，数据传输，数据处理、分析和管理等部分组成。其系统网络结构如图1-7。

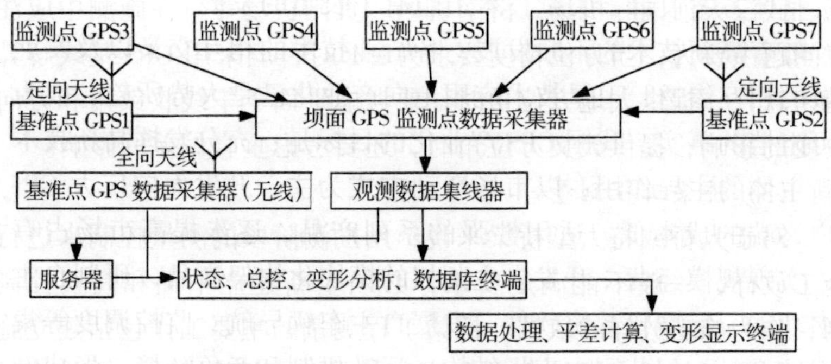

图 1－7　GPS 自动监测系统网络结构

GPS 数据采集分为基准点（2 个：GPS1 和 GPS2）和监测点（5 个：GPS3～GPS7）两部分，由 7 台 Ashtech Z－12 GPS 接收机组成；GPS 数据传输采用有线（坝面监测点观测数据）和无线（基准点观测数据）相结合的方法；整个系统的 7 台 GPS 接收机采用全年连续观测，并实时将观测资料传输至控制中心，进行处理、分析、贮存，系统实现全自动，其反应时间（从每台 GPS 接收机传输数据开始，到处理、分析、变形显示为止）小于 10min。应用广播卫星星历 1～2h GPS 观测资料解算的监测点位水平精度优于 1.5mm，垂直精度优于 1.5mm；6h GPS 观测资料解算的监测点位水平精度优于 1mm，垂直精度优于 1mm。

该系统在 1998 年 8 月的特大洪水期间的监测运行表明，GPS 系统安全可靠，抗干扰能力强，监测精度高，数据处理分析及时，反应时间小于 15min，能够快速反映大坝在超高蓄水下的 3*D* 变形，既确保了大坝安全，又成功地实现了洪水错峰，为防洪减灾起到了关键性的作用。

（2）机场轴线的定位

机场跑道中心轴线方位的精度，因机场等级而异，最高应优于 ±1″，最低也应优于 ±6″。自 1992 年开始，国内各城市新建的机场，其跑道的定位都采用了 GPS 来施测，如南京禄口国际机场、武汉天河国际机场、济南机场、贵阳机场等。在施测中应注意问题主要为：当方位精度要求为±1″时，应采用GPS基线解算精密软件；提供大地方位角时，要考虑平面子午线收敛角和方向改变的影响；提供天文方位角时，还要考虑垂直偏差的影响。

(3) 桥梁工程测量

对于大桥或特大型桥梁来说，用勘测阶段的测量控制来进行施工放样，一般不能满足要求，必须重新建立平面和高程控制网，作为施工放样的依据。桥梁工程测量的主要工作包括建立施工控制网（包括水平控制网和高程控制）、施工放样、桥梁施工控制网的检测以及运营期的变形监测。

在桥梁工程中，由于GPS可提供三维定位信息，对于高程控制，尤其是在解决跨河水准问题方面显示出其巨大潜力。至今，我国利用GPS进行桥梁工程测量的应用实例较多，比如：施测于1994年1月的上海徐浦大桥工程GPS平面控制网的建立；1993年11月利用GPS对江阴长江公路大桥原有桥梁精密控制网进行复测（检测）；1998年底，荆州长江公路大桥GPS平面控制网的改造与复测；1998年2月，香港青马大桥GPS实时位移测量；1999~2001年，武汉长江二桥的变形监测工作中采用了GPS建立平面测量基准网；2000年，采用GPS RTK技术建立了虎门大桥安全运营监测系统等等。

(4) 线路勘测及隧道贯通测量

线路勘测、管线测量及隧道贯通测量是铁路、公路、输电、通讯等工程建设中的重要工作。以往大多采用传统的控制测量、工程测量方法进行控制网建立及施测，由于该类测量控制网大多以狭长形式布设，并且很多工程穿越山林，周围已知控制点很少，使得传统测量方法在网形布设、误差控制等方面带来很大问题。同时传统测量方法作业时间较长，直接影响了工程建设的工期。自将GPS技术引入该领域以来，其测量效率及测量精度得到了极大提高。例如，在西安——南京线、秦岭某隧道贯通和北京地铁等工程的GPS技术应用。

（5）GPS 技术在高层建筑施工中的应用

GPS 技术在高层建筑施工中的应用刚刚起步，仅限于个别工程。厦门建设银行大厦为国内首次采用 GPS 技术进行施工定位及监测的工程，在该工程中已形成以 GPS 技术确定和建立施工控制网，以传统方式实施结构施工放样的 GPS 建筑测量技术。

其主要工作内容为：①设立建筑物外的临时观测基准点；②使用 GPS 测定施工测量基准点，获得准确的大地坐标系与施工坐标系的换算关系，确保 GPS 建立的控制网与建筑工程坐标系及城市坐标系相吻合；③使用 GPS 技术对建筑物的日照变形和振动变形实施连续观测，获得准确的变形数据。

通过该工程可以看出，GPS 在超高层建筑施工中应用有如下特点：①施工测量控制网一次测定到位，无误差的传递和积累，测定精度高；②数据测定和分析均使用计算机处理，避免了人为误差；③观测基准点主要用于确定起算点和起算方向，互相不通视，变换观测点均不影响观测精度；④对施工楼层控制网基点的选择约束较少；⑤能准确测定建筑物的日照变形和振动变形。

1.3.3 GPS 技术在土木工程领域的应用展望

（1）应用的障碍与对策

GPS 技术的发展既受 GPS 系统本身及其开发的制约，也受使用单位技术条件的限制。因此，将 GPS 技术推广应用到土木工程领域，应重视下述问题。

1）要重视应用理论研究。鉴于目前对 GPS 采用的选择可用性技术（即 SA 技术），使 GPS 精度大大降低。研究新的数据处理方法和开发新的软件，是理论工作者的主要任务。如应用 P－W 技术和 L_1 与 L_2 交叉相关技术，使 L_2 载波相位观测值得到恢复，使其精度与使用 P 码相同。对土木工程施工应用 GPS 技术的工程条件进行技术和经济研究，其核心是进行实施 GPS 的方案优化。

2）采取切实可行的措施，进行技术创新。针对 SA 技术，除研究新的数据处理方法和开发新的软件外，还可以有如下措施：

①研制能同时接收 GPS 和 GLONASS 信号的接收机。俄罗斯 GLONASS 无 SA 技术，即无需考虑对精度的降低和对精密信号的加密，这种接收机改善了 GPS 系统的有效性、完整性和定位精度，从而保证了在有障碍环境中的工程观测精度；②发展 DGPS 和 WADGPS 差分 GPS 系统，提高实时定位精度；③建立独立的 GPS 卫星测轨系统，精密测定卫星轨道，为用户提供精密星历服务；④建立独立的卫星导航与定位系统，完全摆脱对美国 GPS 的依赖，但这是一项技术复杂且耗资巨大的工程。

3）产学研相结合，是 GPS 技术在土木工程施工领域应用的关键。我国科技界和教育界正加大改革力度，强化科技是第一生产力，强调科技创新，并从政策上加以引导。可以预见，在施工企业中开展 GPS 应用工作，将得到强有力的技术支持。

4）提高工程单位技术人员素质。长期以来，受行业特点的制约，土木工程领域劳动力密集，技术更新速度慢，从业人员科技文化素质相对较低。因此，企业要加大从业科技人员的知识更新工作力度。

（2）GPS 技术在土木工程施工领域的应用前景

GPS 技术作为一种全新的测量手段，在工程控制测量中已逐步得到使用，其技术的先进性、优越性已为众多的工程技术人员所认同。随着 GPS 技术的进一步开发，特别是有关土木工程施工领域的应用技术，包括基础理论的研究、实践方法的探索、信号接收手段的更新、信号处理方法和软件的开发等的发展，GPS 技术在高层建筑施工的放样与定位、大坝建设与监测、道路及桥涵的定位与控制等方面有着广泛的应用前景。

第 2 章　GPS 卫星定位基础

2.1　时间系统和坐标系统

时间系统和坐标系统是 GPS 定位的基础。由于 GPS 观测量和空间位置是随时间变化的，时间系统的定义和时间记录极为重要。在卫星定位中，为建立卫星运动坐标系与地球表面接收机测点所在坐标系之间的关系，实现高精度定位，对坐标系及其转换提出了很高要求。

2.1.1　时间系统

在现代大地测量学中，为了研究诸如地壳升降和板块运动等地球动力学现象，时间也和描述观测点的空间坐标一样，成为研究点位运动过程和规律的一个重要分量，从而形成空间与时间参考系中的四维大地测量学。

在 GPS 卫星定位中，时间系统有着极为重要的意义。作为观测目标的 GPS 卫星以 3.9km/s 左右的速度围绕地球高速运动，对观测者而言卫星的位置（方向、距离、高度）和速度都在不断地变化。因此，在给出卫星运动位置的同时，必须给出相应的瞬时时刻。当我们要求观测瞬间的 GPS 卫星位置误差小于 1cm 时，所给出的观测时刻的至少应小于 2.6×10^{-6}s。在用测距码进行伪距测量时，我们是通过接收和处理 GPS 卫星发射的无线电信号，确定用户接收机至卫星间的信号传播时间，再乘以光速换算成距离，从而确定测站的位置。因此，要准确地测定观测站至卫星的距离，必须精确地测定信号的传播时间。如果要求距离误差小于 1cm，则信号传播时间的测定误差至少应小于 3×10^{-11}s。所以，任何一个观测量都必须给定取得该观测量的时刻。为保证观测量的精度，对观测时刻要有一定的精度要求。

时间系统由时间原点和时间单位定义。时间系统有其尺度（时间单位）与原点（历元），只有将尺度与原点结合起来，才能给出时刻的概念。

一般地，任何一个可观测到的周期性运动，如能满足以下三个条件都可作为时间尺度（单位）：①该运动是连续的，周期性的；②运动周期必须充分稳定；③运动的周期必须具有复现性，即要求任何时间和地点都可通过观测和实验复现这种周期性运动。自然界中，有很多运动现象能在一定的精度上满足这一理论要求，并且随着观测技术的发展和更加稳定的周期运动的发现而不断接近这一理论要求。实践中，由于所选用的周期运动现象不同，便产生了不同的时间。在 GPS 测量中，具有重要意义的时间系统有三种：即世界时系统、力学时系统和原子时系统。

(1) 世界时系统

地球自转是一种连续的周期性的运动。早期由于受观测精度和计时工具的限制，人们认为这种自转是均匀的，所以被用作为时间尺度。以地球自转作为时间尺度的时间系统称为世界时系统。由于观测地球自转时所选的参考点不同，所以世界时又被细分为好几种。

1) 恒星时（Sidereal Time-ST）

以春分点作为参考点，由春分点的周日视运动所确定的时间，称为恒星时。其时间尺度为：春分点连续两次经过本地子午圈的时间间隔为一恒星日，一恒星日分为 24 个恒星时。由于恒星时是以春分点通过本地子午圈时为原点计时的，同一瞬时对不同测站的恒星时各异，所以恒星时也称为地方恒星时。

恒星时是以地球自转为基础的，由于岁差和章动的影响，地球自转轴在空间的方向是不断变化的，春分点在天球上的位置并不固定，对于同一历元所对应的真北天极和平北天极，有真春分点和平春分点之分。相应地恒星时也有真恒星时和平恒星时之分。由于恒星时的不均匀性和不规则性，现在已不被当作时间尺度，但在天文学中有广泛应用。

2）平太阳时

太阳周日视运动，其中心连续两次通过某地方上子午圈的时间间隔称为一个真太阳日。以其为基础均匀分割后可获得真太阳时系统中的“小时”、“分”和“秒”。因此，真太阳时是地球自转为基础，以太阳中心作为参考点而建立的一个时间系统。真太阳时在数值上等于太阳中心相对于本地子午圈的时角。然而由于地球围绕太阳的公转轨道是一个椭圆。据开普勒行星运动第三定律知，其运动角速度是不相同的，在近日点处运动角速度最大，远日点时运动角速度最小。再加上地球公转是位于黄道平面，而时角是在赤道平面上量度的，故真太阳日的长度是不相同的。也就是说真太阳时不具备作为一个时间系统的基本条件。

由于日常生活中，人们已习惯于用太阳来确定时间、安排工作和休息，所以，为了弥补真太阳时不均匀的缺陷，便设想用一个假太阳来代替真太阳。这个假太阳也和真太阳一样在作周年视运动。但有两点不同：①其周年视运动轨迹位于赤道平面上而不是黄道平面上；②它在赤道面上的运动角速度是恒定的，等于真太阳的平均角速度。我们称这个假太阳为平太阳。以地球自转为基础，以平太阳中心作为参考点而建立的时间系统称为平太阳时。其时间尺度为：平太阳连续两次经过某地子午圈的时间间隔为一平太阳日，一平太阳日分为24平太阳时。平太阳时以平太阳通过本地子午圈时刻为起算原点，所以平太阳时在数值上等于平太阳相对于本地子午圈的时角。同样，平太阳也具有地方性，故常将其称为地方平太阳时或地方平时。

3）世界时（Universal Time-UT）

以子午夜为零时算起的格林尼治平太阳时称为世界时。世界时与平太阳时的尺度相同，但起算点不同。1956年以前，秒被定义为一个平太阳日的1/86400，即以地球自转这一周期运动作为基础的时间尺度。但是，由于地球自转轴在地球内部的位置是变化的，存在极移现象，所以，在世界时UT中引入极移改正得到UT1。由于高精度石英钟的普遍采用以及观测精度的提高，发现地球自转的速度也是不均匀的，存在季节性变化、长期变化及其他不规则变化，UT1加上地球自转速度季节变化后为UT2。1956年国际上采用新的秒长定义，即历书时秒等于回归年长度的1/31556925.9747。就时间尺度而言，世界时已被历书时（ET）所替代，之后，又于1976年为原子时所取代。但是，UT1在卫星测量中仍被广泛使用，只是它不再作为时间尺度，而因它数值上表征了地球自转相对恒星的角位置，而用于天球坐标系与地球坐标系之间的转换计算。

（2）力学时系统（Dynamic Time-DT）

在天文学中，天体的星历是根据天体力学中的运动方程而编算的，在这些天体运动中，时间T是一个独立的变量，该时间被定义为力学时。

1）历书时（ET）

由于世界时的不均匀性，故从1960年起又引入了一种以地球绕日公转为基础的均匀的时间系统，称为历书时（ET）。1960~1967年间它是国际公认的计时单位。历书时可以通过对太阳、月亮或其他行星的观测而获得。但由于观测误差的影响，实际测得的历书时只能稳定在10^{-10}级，而且提供又很不及时，故从1984年起，被地球动力学时和太阳系质心力学时所取代。

2）地球动力学时（TDT）

地球动力学时（TDT）用于解算相对于地心惯性系的动力学问题，以取代过去的历书时。它与国际原子时相差32.184s，单位与原子时相同。它是连续且均匀的时间系统，是卫星运动方程的时间引数。由于TDT的概念有些模糊，自1992年，TDT被地球时TT所取代。TT目前被定义为TAI+32.184s。

3）太阳系质心力学时（TDB）

太阳系质心力学时（TDB）是用作相对于太阳系质心运动的动力学问题的时间引数，也用作岁差和章动模型的时间引数。

TDB 与 TDT 之间相差 5 周期性相对论效应项。

(3) 原子时系统

随着对时间准确度和稳定度的要求不断提高，以地球自转为基础的世界时系统难以满足要求。20 世纪 50 年代，便开始建立以物质内部原子运动的特征为基础的原子时系统。原子时的秒长被定义为铯原子 Cs^{133}基态的两个超精细能级间在零磁场中跃迁辐射振荡 9192631770 周所持续的时间。原子时的起点，按国际协定取为 1958 年 1 月 1 日 0 时 UT2，即原子时在起始时刻与 UT2 是重合的。就目前的观测水平而言，这一时间尺度是均匀的。该时间尺度被广泛应用于动力学作时间单位，其中包括卫星动力学。

1）国际原子时（International Atomic Time-TAI）

每一台原子钟都可以提供原子时。由于受到各种误差的影响，每台钟所提供的原子时存在差异。为了建立国际上统一的原子时系统，国际时间局于 1977 年建立了国际原子时（TAI）。国际原子时是由全球约一百台原子钟，通过高精确时间比对，赋予不同的权按统一算法求得的。其稳定度约为 1×10^{-13}。

2）协调世界时（Coordinate Universal Time-UTC）

稳定性和复现性均很好的原子时能满足高精度时间间隔测量的要求。但是在天文导航、星际航行、大地测量等部门却更需要建立在地球自转基础上的准确的世界时。为了能同时满足上述要求，国际无线电科学协会和国际天文协会于 20 世纪 60 年代建立了协调世界时 UTC。协调世界时的秒长严格等于原子时的秒长，而协调世界时 UTC 与世界时 UT 间的时刻差规定需保持在 0.9s 以内，否则，将采用跳秒（闰秒）的方式进行调整。闰秒一般发生在每年 12 月末或 6 月末。闰秒的具体时期由国际时间局安排并通告。目前，几乎所有国家发播的时间都是以 UTC 为基础的。

3）GPS 时（GPST）

GPS 时（GPST）是 GPS 系统专用时间，采用原子时 TAI 秒长作为时间基准，原点定义在 1980 年 1 月 6 日 0 时 UTC。GPST 由

GPS 系统主控站维持，使其尽可能与 UTC 保持一致，但不作闰秒改正。因此，它与国际原子时 TAI 的差为一常量，即 19s。GPS 时间是连续且均匀的时间系统。GPS 接收机常用 GPST 记录观测时间。图 2－1 说明了各种通用的时标及其关系。

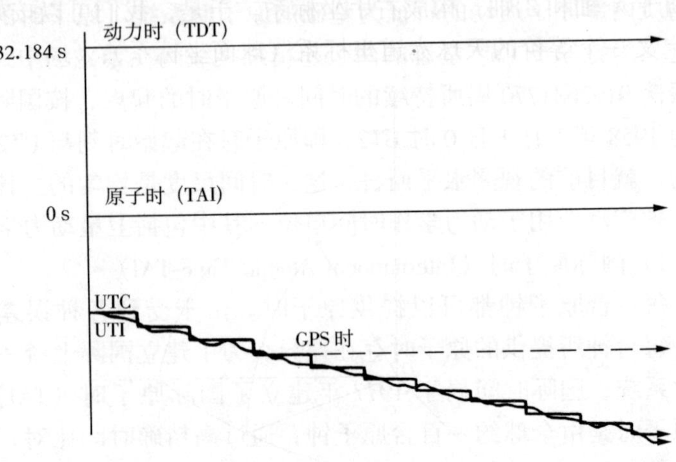

图 2－1　时标间的关系

2.1.2　坐标系统

坐标系由原点、参考面和基准方向定义，或者用原点和三个坐标轴的方向定义。X 轴指向基准方向，Z 轴垂直于参考面，Y 轴与 Z 和 X 轴垂直构成右手坐标系。实用上，为便于进行坐标转换常采用空间直角坐标系，它可以通过平移和旋转从一个坐标系方便地转换至另一坐标系。在这里我们有必要介绍 GPS 定位中常用的坐标系定义，以及不同坐标系之间的坐标转换。

（1）天球坐标系与地球坐标系

1）天球坐标系

天球赤道坐标系是一种被广泛使用的天球坐标系，根据所选择的天球中心位置的不同而分为日心坐标系、地心坐标系和站心坐标系。天球赤道坐标系一般用球面坐标（赤经 α、赤纬 δ）来表示。

在图 2-2 中，如果已经定义了天球空间直角坐标系为：原点位于天球中心 O，Z 轴指向天球北极，X 轴指向春分点，Y 轴垂直于 X 轴和 Z 轴，构成右手坐标系。于是，我们可以按如下方式定义一个等价的天球赤道坐标系（球面坐标系）：

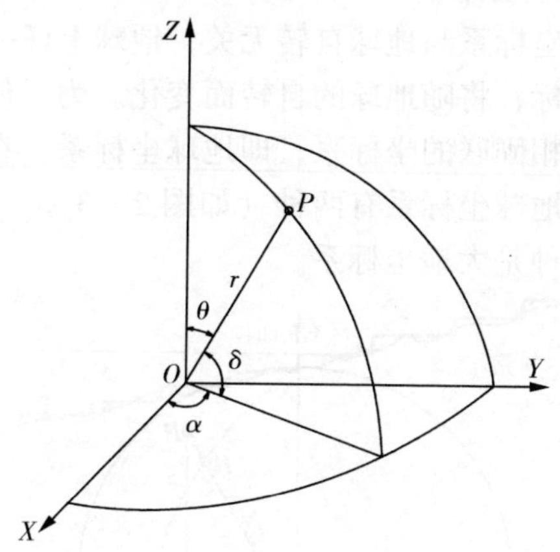

图 2-2　球面坐标系与直角坐标系

该球面坐标系原点与直角坐标系原点重合，以原点 O 至空间点 P 的距离 r 作为第一参数；以 OP 与 OZ 轴的夹角 θ（取小于 π 的值）作为第二参数（实际中常用 $\delta = 90° - \theta$ 代替第二参数）。第三参数 α 为 ZOX 平面与 ZOP 平面的夹角，自 ZOX 平面起算右旋为正。

对于同一空间点，天球空间直角坐标系与其等效的球面坐标系参数有下列转换关系：

$$\left.\begin{aligned} X &= r\cos\alpha \cdot \cos\delta \\ Y &= r\sin\alpha \cdot \cos\delta \\ Z &= r\sin\delta \end{aligned}\right\} \quad (2-1)$$

$$\left.\begin{aligned} r &= \sqrt{X^2 + Y^2 + Z^2} \\ \alpha &= \arctan(Y/X) \\ \delta &= \arctan\left(Z/\sqrt{X^2 + Y^2}\right) \end{aligned}\right\} \tag{2-2}$$

天球坐标系中的坐标轴不会随着地球的自转而转动，因而常被用来表示恒星和卫星在天体的空间位置。

2）地球坐标系

由于天球坐标系与地球自转无关，地球上任一固定点在天球坐标系中的坐标，将随地球的自转而变化。为了使用方便，必须建立与地球体相固联的坐标系，即地球坐标系。在卫星大地测量中经常用到的地球坐标系有两种（如图 2－3），一种是空间直角坐标系，另一种是大地坐标系。

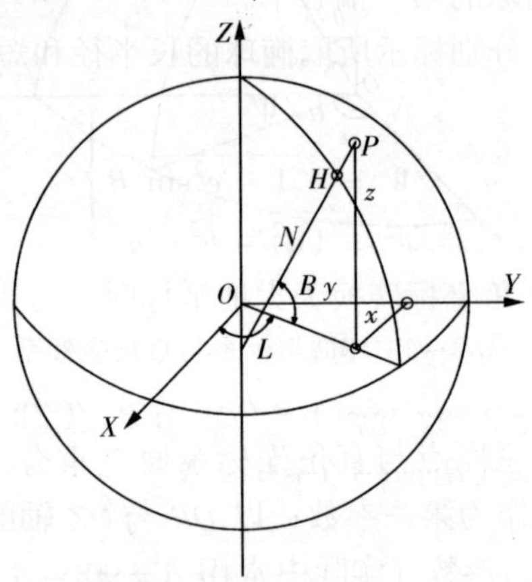

图 2－3　大地坐标系与直角坐标系

地心空间直角坐标系的定义为：原点 O 与地球质心重合，Z 轴指向地球北极，X 轴指向格林尼治平子午面与地球赤道的交点 E，Y 轴垂直于 XOZ 平面构成右手坐标系。

地心大地坐标系的定义为：大地坐标系中的参考面是长半轴为 a，以短半轴 b 为旋转轴的椭球面。地球椭球面几何中心与直角坐标系的原点重合；短半轴与直角坐标系的 Z 轴重合。大地

纬度 B 为过地面点 P 的椭球法线与椭球 XOY 平面（椭球赤道面）的夹角，自 XOY 面向 OZ 轴方向量取为正；大地经度 L 为过地面点的 ZOX 平面（椭球子午面）与 ZOP 平面（格林尼治平子午面）的夹角，自 ZOX 平面起算右旋为正；大地高程 H 为过 P 点的椭球面法线上自椭球面至 P 点的距离，以远离椭球面中心方向为正。

因此，任一地面点，直角坐标系与大地坐标系参数间的转换关系为

$$\left.\begin{aligned} X &= (N+H)\cos B\cos L \\ Y &= (N+H)\cos B\sin L \\ Z &= [(N(1-e^2)+H]\sin B \end{aligned}\right\} \tag{2-3}$$

式中 N——椭球的卯酉圈曲率半径；

e——椭球的第一偏心率。

若以 a、b 分别标示所取椭球的长半径和短半径，则有

$$\left.\begin{aligned} N &= a/W \\ W &= \sqrt{1-e^2\sin^2 B} \\ e^2 &= (a^2-b^2)/a^2 \end{aligned}\right\} \tag{2-4}$$

当由空间直角坐标转换为大地坐标时，可用下式

$$\left.\begin{aligned} L &= \mathrm{arctg}(Y/X) \\ B &= \mathrm{arctg}\{\mathrm{tg}\varphi[1+(ae^2\sin B)/(ZW)]\} \\ H &= (R\cos\varphi)/\cos B - N \end{aligned}\right\} \tag{2-5}$$

式中

$$\left.\begin{aligned} \varphi &= \mathrm{arctg}\left(Z/\sqrt{X^2+Y^2}\right) \\ R &= \sqrt{X^2+Y^2+Z^2} \end{aligned}\right\} \tag{2-6}$$

3）站心赤道直角坐标系与站心地平直角坐标系

采用站心地平坐标系可以直观方便地描述卫星与测站之间的瞬时距离、方位角和高度角。

如图 2-4 所示，O 为球心，P 是测站，$O-XYZ$ 为以 O 为原点的球心空间直角坐标系，$P-\overline{XYZ}$ 为以 P 为原点、与 $O-XYZ$ 相应坐标轴平行而建立起来的站心赤道直角坐标系。另外，

$P-xyz$ 为以 P 为原点的站心左手地平直角坐标系，定义为：P 点的法线为 z 轴（指向天顶为正），子午线方向为 x 轴（向北为正），y 轴与 x、z 垂直（向东为正）。

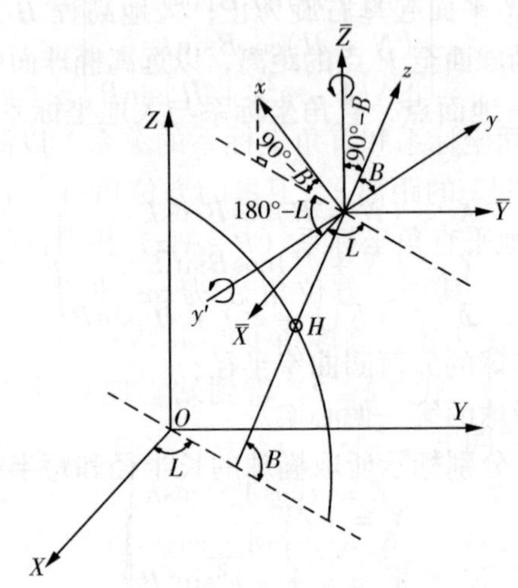

图 2－4　站心赤道与地平直角坐标系

从图上可知，球心空间直角坐标系（$O-XYZ$）与站心赤道直角坐标系（$P-\overline{XYZ}$）有如下平移关系：

$$\begin{bmatrix} X \\ Y \\ Z \end{bmatrix}_{地心} = \begin{bmatrix} \bar{X} \\ \bar{Y} \\ \bar{Z} \end{bmatrix}_{站赤} + \begin{bmatrix} (N+H)\cos B\cos L \\ (N+H)\cos B\sin L \\ [N(1-e^2)+H]\sin B \end{bmatrix} \tag{2-7}$$

通过旋转变换可将站心地平直角坐标系（$P-xyz$）变换为站心赤道直角坐标系（$P-\overline{XYZ}$）。

$$\begin{bmatrix} \bar{X} \\ \bar{Y} \\ \bar{Z} \end{bmatrix}_{站赤} = \begin{bmatrix} -\sin B\cos L & -\sin L & \cos B\cos L \\ -\sin B\sin L & \cos L & \cos B\sin L \\ \cos B & 0 & \sin B \end{bmatrix} \begin{bmatrix} x \\ y \\ z \end{bmatrix}_{地平} \tag{2-8}$$

综合上述的平移与旋转变换，可得站心左手地平直角坐标系（$P-xyz$）与球心空间直角坐标系（$O-XYZ$）的关系式：

$$\begin{bmatrix} X \\ Y \\ Z \end{bmatrix}_{地心} = \begin{bmatrix} -\sin B\cos L & -\sin L & \cos B\cos L \\ -\sin B\sin L & \cos L & \cos B\sin L \\ \cos B & 0 & \sin B \end{bmatrix} \begin{bmatrix} x \\ y \\ z \end{bmatrix}_{地平} + \begin{bmatrix} (N+H)\cos B\cos L \\ (N+H)\cos B\sin L \\ [N(1-e^2)+H]\sin B \end{bmatrix} \tag{2-9}$$

类似于球面坐标系和直角坐标系的关系，以测站 P 为原点，用测站 P 至卫星 s 的距离 r、卫星的方位角 A、卫星的高度角 h 可建立与站心地平直角坐标系（$P-xyz$）相等价的站心地平极坐标系（$P-rAh$）。其中，方位角 A 为 zox 平面与 zos 的夹角，自 zox 平面起算左旋为正，高度角 h 为 os 与 xoy 平面的夹角。由此，可根据式（2-1）、式（2-2）得到站心地平极坐标系与站心地平直角坐标系之间的关系：

$$\left.\begin{aligned} x &= r\cos A \cdot \cos h \\ y &= r\sin A \cdot \cos h \\ z &= r\sin h \end{aligned}\right\} \tag{2-10}$$

$$\left.\begin{aligned} r &= \sqrt{x^2+y^2+z^2} \\ A &= \arctan(y/x) \\ h &= \arctan\left(z/\sqrt{x^2+y^2}\right) \end{aligned}\right\} \tag{2-11}$$

（2）WGS-84 坐标系和我国大地坐标系

由于 GPS 卫星星历是以 WGS-84 坐标系为根据而建立的，GPS 单点定位的坐标以及相对定位中解算的基线向量均属于 WGS-84（World Geodetic System，1984）大地坐标系，而实用的测量成果却属于某一国家坐标系或地方坐标系（局部的参考坐标系），所以，应用中必须进行坐标转换。

1）WGS-84 坐标系

WGS-84 坐标系的几何定义为：原点在地球质心，Z 轴指向国际时间局（BIH）1984.0 定义的协议地球极（CTP）方向，X 轴指向 BIH 1984.0 的零子午面和 CTP 赤道的交点，Y 轴与 Z 轴、X 轴构成右手坐标系（见图 2-5）。

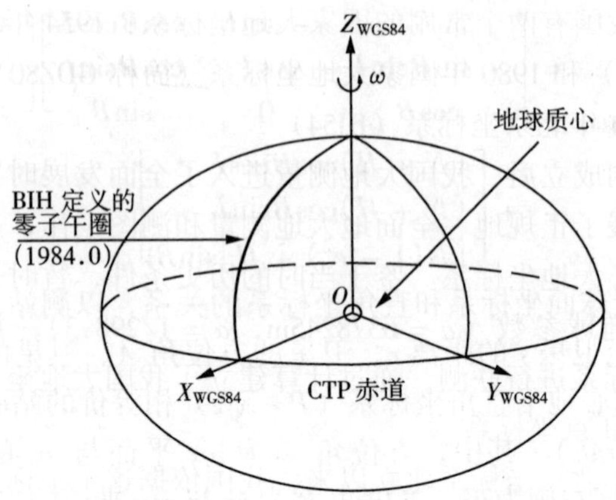

图 2-5　WGS-84 大地坐标系

对应于 WGS-84 大地坐标系有一个 WGS-84 椭球，其常数采用国际大地测量（IAG）和地球物理联合会（IUGG）第十七届大会推荐值，四个基本常数为：

长半轴 $a = 6378137\text{m}$

地球引力常数（含大气层）$G_M = 3986005 \times 10^8 \text{m}^3/\text{s}^2$

正常化二阶带谐系数 $\bar{C}_{2.0} = -484.16685 \times 10^{-6}$

地球自转角速度 $\omega = 7292115 \times 10^{-11} \text{rad/s}$

由这四个基本常数，可以计算出椭球的其他常数，例如：

扁率 $\alpha = 1/298.257223563 = 0.00335281066474$

第一偏心率平方 $e^2 = 0.0066943799013$

第二偏心率平方 $e'^2 = 0.00673949674227$

WGS-84 大地水准面高 N_{84} 的确定：

$$N_{84} = \text{大地高 } H_{84} - \text{正高 } H_{\text{正}} \tag{2-12}$$

如果大地水准面高 N_{84}（大地水准面差距）值确定，则

$$H_{\text{正}} = H_{84} - N_{84} \tag{2-13}$$

2）国家大地坐标系

目前我国有两个常用的国家大地坐标系：1954 年北京坐标系（简称 BJ54）和 1980 年国家大地坐标系（简称 GDZ80）。

①1954 年北京坐标系（BJ54）

新中国成立后，我国大地测量进入了全面发展时期，在全国范围内开展了正规地、全面地大地测量和测图工作，迫切需要建立一个参心大地坐标系。鉴于当时的历史条件，暂时采用了克拉索夫斯基椭球参数（$a = 6378245\text{m}$，$\alpha = 1/298.3$），并与前苏联 1942 年坐标系进行联测，通过计算建立了我国大地坐标系，定名为 1954 年北京坐标系。

1954 年北京坐标系建立以来，我国依据这个坐标系建成了全国天文大地网，完成了大量的测绘工作，为国家国民经济建设和国防建设发挥了巨大作用。但是，随着测绘新理论、新技术的不断发展，人们发现该坐标系一些缺陷，比如：椭球参数误差较大；参考椭球面与我国大地水准面的差距较大；几何大地测量与物理大地测量的参考面不统一；椭球短轴的指向不明确等。为此，有必要建立起适合我国情况的新的坐标系。

②1980 年国家大地坐标系（GDZ80）

1980 年国家大地坐标系的大地原点设在陕西省泾阳县永乐镇，该坐标系为参心坐标系；椭球短轴 Z 轴平行于地球质心指向地极原点 $\text{JYD}_{1968.0}$的方向；大地起始子午面平行于格林尼治平均天文台子午面，X 轴在大地起始子午面内与 Z 轴垂直指向经度零方向；Y 轴与 Z、X 轴构成右手坐标系。椭球参数采用了 1975 年 IUGG 的推荐值，四个基本常数是：

长半径 $a = 6378140\text{m}$

地心引力常数 $G_M = 3.986005 \times 10^{14}\text{m}^3/\text{s}^2$

地球重力场二阶带谐系数 $J_2 = 1.08263 \times 10^{-3}$

地球自转角速度 $\omega = 7.292115 \times 10^{-5}\text{rad/s}$

并由此可以算得地球椭球扁率为：

$$\alpha = 1/298.257$$

③新 1954 年北京坐标系（$BJ54_{新}$）

由于在全国以 GDZ80 为基础的测绘成果建立之前，$BJ54_{旧}$ 的测绘成果仍将存在较长时间，而 $BJ54_{旧}$ 与 GDZ80 两者之间差距较大，给成果的使用带来不便，所以又建立了 $BJ54_{新}$ 作为过渡坐标系。

$BJ54_{新}$ 是将 GDZ80 内的空间直角坐标经三个平移参数平移变换至克拉索夫斯基椭球中心得到的。$BJ54_{新}$ 坐标系与 $BJ54_{旧}$ 相比有下述特点：大地原点与 GDZ80 大地原点相同；椭球轴向与 GDZ80 椭球轴向相同；$BJ54_{新}$ 的控制点坐标与 $BJ54_{旧}$ 的控制点坐标接近，但其精度和 GDZ80 坐标精度完全一致。其关系如图2－6所示。

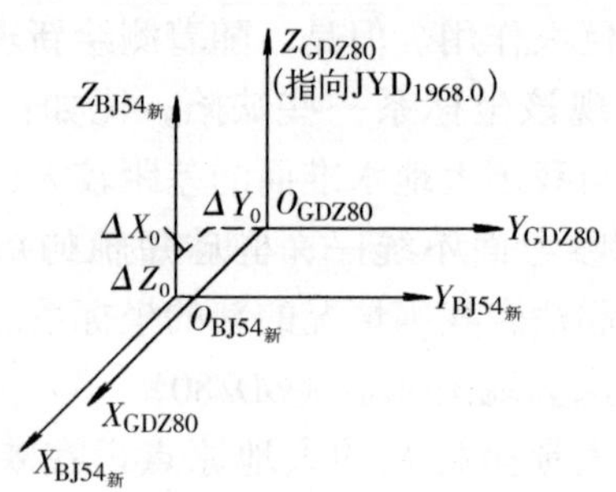

图 2－6　$BJ54_{新}$ 与 GDZ80 的坐标系关系

（3）坐标系统转换

坐标系统之间的转换包括不同参心大地坐标系统之间的转换、参心大地坐标系与地心大地坐标系之间的转换以及大地坐标系与高斯平面坐标之间的转换等。通常，在使用时需将 GPS 点的 WGS－84 坐标转换成地面网的坐标。进行两个不同空间直角坐标系间的坐标转换，首先需要求出坐标系统之间的转换参数。转换参数一般是利用重合点（也称公共点）的两套坐标值通过一定的数学模型进行计算得到。当重合点数为 3 个以上时，可采用 Bursa-Wolf 模型。

设有两三维空间直角坐标系 $O_T—X_TY_TZ_T$ 与 $O_S—X_SY_SZ_S$ 有图2-7所示关系，则同一点在该两坐标系中坐标（X_{iT}，Y_{iT}，Z_{iT}）和（X_{iS}，Y_{iS}，Z_{iS}）之间有如下关系式：

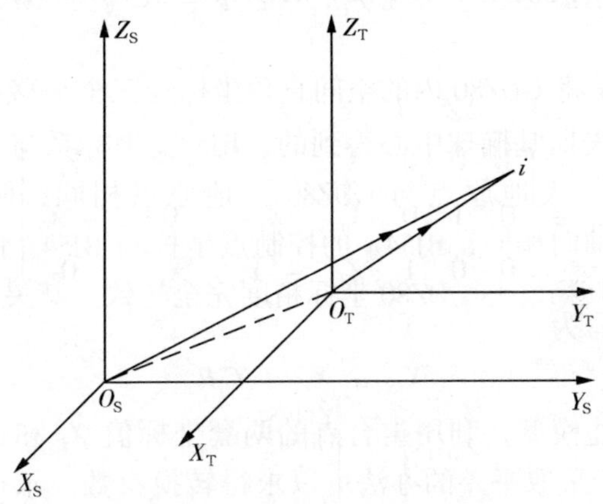

图2-7　两空间直角坐标系的几何关系

$$X_{iS} = \Delta X + (1 + k)R(\varepsilon_z)R(\varepsilon_y)R(\varepsilon_x)X_{iT} \quad (2-14)$$

式中

$$X_{iS} = (X_{iS}, Y_{iS}, Z_{iS})^T, X_{iT} = (X_{iT}, Y_{iT}, Z_{iT})^T,$$

$$\Delta X = (\Delta X, \Delta Y, \Delta Z)^T,$$

$$R(\varepsilon_z) = \begin{bmatrix} \cos\varepsilon_z & \sin\varepsilon_z & 0 \\ -\sin\varepsilon_z & \cos\varepsilon_z & 0 \\ 0 & 0 & 1 \end{bmatrix}, R(\varepsilon_y) = \begin{bmatrix} \cos\varepsilon_y & 0 & -\sin\varepsilon_y \\ 0 & 1 & 0 \\ \sin\varepsilon_y & 0 & \cos\varepsilon_y \end{bmatrix},$$

$$R(\varepsilon_x) = \begin{bmatrix} 1 & 0 & 0 \\ 0 & \cos\varepsilon_x & \sin\varepsilon_x \\ 0 & -\sin\varepsilon_x & \cos\varepsilon_x \end{bmatrix}$$

通常，将 ΔX，ΔY，ΔZ，k，ε_z，ε_y，ε_x 称为坐标系间的转换参数。

为简化计算，当 $k, \varepsilon_z, \varepsilon_y, \varepsilon_x$ 为微小量时，$\cos\varepsilon \approx 1, \sin\varepsilon \approx 1$，则

式(2－14)可写为：

$$\begin{bmatrix} X_i \\ Y_i \\ Z_i \end{bmatrix}_S = \begin{bmatrix} \Delta X \\ \Delta Y \\ \Delta Z \end{bmatrix} + (1+k)\begin{bmatrix} X_i \\ Y_i \\ Z_i \end{bmatrix}_T + \begin{bmatrix} 0 & \varepsilon_z & -\varepsilon_y \\ -\varepsilon_z & 0 & \varepsilon_x \\ \varepsilon_y & -\varepsilon_x & 0 \end{bmatrix} \cdot \begin{bmatrix} X_i \\ Y_i \\ Z_i \end{bmatrix}_T \tag{2-15}$$

令 $R = (\Delta X \quad \Delta Y \quad \Delta Z \quad k \quad \varepsilon_x \quad \varepsilon_y \quad \varepsilon_z)^T$，

$$C_i = \begin{bmatrix} 1 & 0 & 0 & X_i & 0 & -Z_i & Y_i \\ 0 & 1 & 0 & Y_i & Z_i & 0 & -X_i \\ 0 & 0 & 1 & Z_i & -Y_i & X_i & 0 \end{bmatrix}_T$$

则上式可简写为：

$$X_{iS} = X_{iT} + C_i R \tag{2-16}$$

通过上述模型，利用重合点的两套坐标值 X_{iS}和 X_{iT}（$i=1$，2，…，N），采取平差的办法可以求得转换参数。求得转换参数后，再利用上述模型进行各点的坐标转换（包括重合点和非重合点的坐标转换）。对于重合点来说，转换后的坐标值与已知值有一差值。其差值的大小反映转换后坐标的精度。其精度与被转换的坐标精度有关，也与转换参数的精度有关。实际应用中对于局部 GPS 网还可应用基线向量求转换参数的办法，此方法是先求出各重合点相对地面网原点的基线向量，然后利用基线向量求得转换参数。即：

对于地面网原点，有

$$X_{0S} = \Delta X + (1+k)R(\varepsilon_z)R(\varepsilon_y)R(\varepsilon_x)X_{0T} \tag{2-17}$$

由 $X_{iS} - X_{0S}$ 得

$$X_{iS} = X_{0S} + (1+k)R(\varepsilon_z)R(\varepsilon_y)R(\varepsilon_x)(X_{iT} - X_{0T}) \tag{2-18}$$

可以假定 $i=1$ 为原点，则上式实际上就是以 1 为原点，其余点与原点的坐标差——基线向量为已知值的坐标转换式。利用此式可列出误差方程式，求转换参数（只有三个旋转角 ε_z，ε_y，ε_x 和尺度变化参数 k）。

2.2 卫星轨道运动

人造地球卫星绕地球的运动状态取决于它所受到的各种作用力。这些作用力主要包括：地球对卫星的引力，太阳、月球对卫星的引力，大气阻力，太阳光压和地球潮汐力等。在这些作用力中，地球引力是主要的。如果将地球引力的大小视为 1，则其他作用力均小于 10^{-5}。在这多种力的作用下，卫星在空间运动的轨迹极其复杂，甚至难以用简单而精确的数学模型进行表达。因此，为了研究卫星运动的基本规律，一般将卫星受到的作用力分为两类：第一类是地球质心引力（又叫中心引力），即将地球看作密度均匀或由无限多密度均匀的同心球层所构成的圆球，可以证明它对球外一点的引力等效于质量集中于球心的质点所产生的引力；第二类是摄动力的非中心引力，即非球形对称的地球引力场对卫星产生非中心的引力，加上日、月引力，大气阻力，太阳光压和地球潮汐力等所产生的引力。

通常，可以把卫星只受地心引力的作用作为一种近似来研究卫星的运动。而忽略所有的摄动力，仅考虑地球质心引力研究卫星相对地球的运动。在天体力学中，称为二体问题。二体问题下的卫星运动虽然是一种近似描述，但能得到卫星运动的解析解，从而可以在此基础上再加上摄动力来推求卫星受摄运动的轨道。在摄动力的作用下，卫星的运动将偏离二体问题的运动轨道，称为卫星的受摄运动。

2.2.1 近地卫星的轨道运动

(1) 无摄动的卫星运动

1) 卫星运动的轨道参数

确定一均质物体相对于另一均质物体中心的运动问题称为二体或中心力运动问题。在研究卫星的无摄运动中，我们可将地球和卫星看作两个质点，作为二体问题研究两个质点在万有引力作用下的运动。图 2-8 所示为卫星 S 绕地球质心 O 的运动关系。

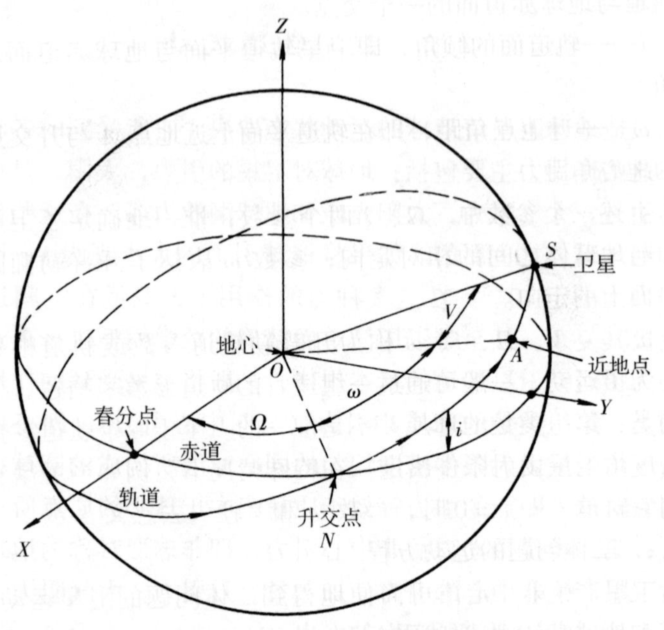

图 2-8　卫星空间轨道运动及其参数

由开普勒第一定律可知，卫星的运动轨道为一椭圆，地球质心位于椭圆轨道的一个焦点上。为确定椭圆的形状和大小，需要两个参数，即椭圆的长半径 a 及其偏心率 e（或椭圆的短半径 b）；为确定任意时刻卫星在轨道上的位置，需要一个参数，取真近点角 V（在轨道平面上卫星与近地点之间的地心角距）。这样，参数 a、e 和 V，惟一地确定了卫星轨道的形状、大小和卫星在轨道上的瞬时位置。

另外，为了确定卫星轨道平面与地球体的相对位置和方向，由于轨道椭圆的一个焦点与地球质心相重合，所以，需确定该椭圆在天球坐标系中的方向，尚需三个参数：

Ω——升交点的赤经，即在地球轨道平面上，升交点 N 与春分点 γ 之间的地心夹角。升交点 N 为当卫星由南向北运动时，其轨道与地球赤道面的一个交点。

i——轨道面的倾角，即卫星轨道平面与地球赤道面之间的夹角。

ω——近地点角距，即在轨道平面上近地点 A 与升交点 N 之间的地心角距。

上述三个参数中，Ω、i 两个参数，惟一地确定了卫星轨道平面与地球体之间的相对定向；参数 ω 表达了开普勒椭圆在轨道平面上的定向。

a、e、V、Ω、i、ω 称为开普勒轨道参数或轨道根数。卫星的无摄运动，一般可通过一组适宜的轨道参数来描述，但需说明的是，这组参数的选择并不是惟一的。至于6个轨道参数的大小，应由卫星发射条件决定。在特殊情况下，例如当卫星轨道为一圆形轨道，即 $e=0$ 时，参数 ω 和 V 便失去意义。

2）二体问题的运动方程

应用牛顿第二定律可简便地得到二体问题的卫星运动方程。在图2-9中，O 为地球质心，S 为卫星，设 M、m 分别为地球、卫星的质量，$\vec{r}=\overline{O}\,\vec{S}$为卫星的位置矢量。根据万有引力定律，$O$ 与 S 之间的引力大小为 GMm/r^2，方向相反。

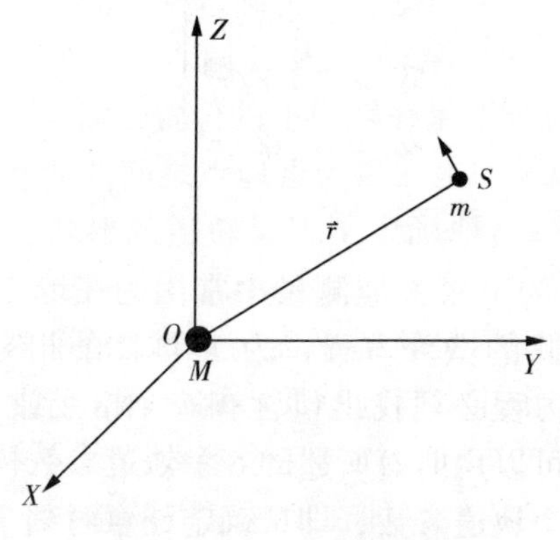

图2-9　二体问题的运动

用 $\vec{F}_s$、$\vec{F}_e$ 分别表示卫星与地球所受到的引力作用力，则有

$$\vec{F}_s = - G\frac{M \cdot m}{r^2} \cdot \frac{\vec{r}}{r}$$

$$\vec{F}_e = + G\frac{M \cdot m}{r^2} \cdot \frac{\vec{r}}{r} \qquad (2-19)$$

式中　G——万有引力常数。

根据牛顿第二定律，在万有引力作用下，O、S 将产生加速度。于是，卫星 S 相对于地球质心 O 的运动方程（加速度）为

$$\vec{a} = \vec{a}_s - \vec{a}_e = - G\frac{M}{r^2} \cdot \frac{\vec{r}}{r} - G\frac{m}{r^2} \cdot \frac{\vec{r}}{r}$$

$$= - G\frac{M + m}{r^2} \cdot \frac{\vec{r}}{r} \qquad (2-20)$$

由于地球质量远大于卫星质量，卫星质量相对于地球质量而言是个微小量，可忽略不计。于是，式（2-20）可写为：

$$\vec{a} = - G\frac{M}{r^2} \cdot \frac{\vec{r}}{r} = - \frac{\mu}{r^2} \cdot \frac{\vec{r}}{r} \qquad (2-21)$$

式中，$\mu = G \cdot M$，为地球引力常数。

设卫星 S 的点位坐标为（X，Y，Z），则卫星 S 的地心向经 $\vec{r} =$（X，Y，Z）^{T} 和加速度 $\vec{a} =$（$\ddot{X}$，$\ddot{Y}$，$\ddot{Z}$）^{T} 代入式（2-21）可得

$$\left.\begin{aligned} \ddot{X} &= -\mu X/r^3 \\ \ddot{Y} &= -\mu Y/r^3 \\ \ddot{Z} &= -\mu Z/r^3 \end{aligned}\right\} \qquad (2-22)$$

式中　$r = \sqrt{X^2 + Y^2 + Z^2}$。

式（2-22）为卫星大地测量中常用的在地心直角坐标系中二体问题分量形式的微分方程，为 3 个二阶非线性常微分方程组。要解此微分方程必须找出包含有 6 个相互独立的积分常数，这 6 个积分常数可以用前面所述的 6 个轨道参数代替。在二体问题中，给定了 6 个轨道参数，即可确定任意时刻 t 的卫星位置及其运动速度。

3）二体问题微分方程的解

①卫星运动的轨道平面方程

直接由微分方程式（2-22）求积分，可得到卫星运动的轨道平面方程：

$$AX + BY + CZ = 0 \tag{2-23}$$

式中　X、Y、Z——卫星在地心天球直角坐标系中的坐标；

A、B、C——3个待定的积分常数。

若令 $h = \sqrt{A^2 + B^2 + C^2}$，可以得到

$$\left.\begin{aligned} A &= h\sin\Omega\sin i \\ B &= -h\cos\Omega\sin i \\ C &= h\cos i \end{aligned}\right\} \tag{2-24}$$

这样，用较为直观的 i、Ω、h 三个独立参数代替 A、B、C 三个积分常数。其中，h 的意义恰好就是卫星 S 对地心 O 的向径在单位时间内所扫过的面积的2倍，即面积速度常量（符合开普勒第二定律）。同时，$h^2 = \mu \cdot a\ (1-e^2)$。

②卫星运动的轨道方程

在轨道平面上，以真近点角 V 表示卫星运动的轨道方程为

$$r = \frac{a(1-e^2)}{1+e\cos V} \tag{2-25}$$

式中　r——轨道卫星至地心的距离；

a——半长轴；

e——偏心率；

V——真近点角（如图2-10）。

有了卫星运动的轨道方程，剩下的问题是 t 时间卫星处在什么位置，即确定卫星在轨道上的位置，这一位置是与时间 t 有关的。为此，先用偏近点角 E 来代替真近点角 V。

③用偏近点角 E 代替真近点角 V

如图2-10，同样也可以用偏近点角 E 表示卫星运动的轨道方程：

$$r = a\ (1 - e\cos E) \tag{2-26}$$

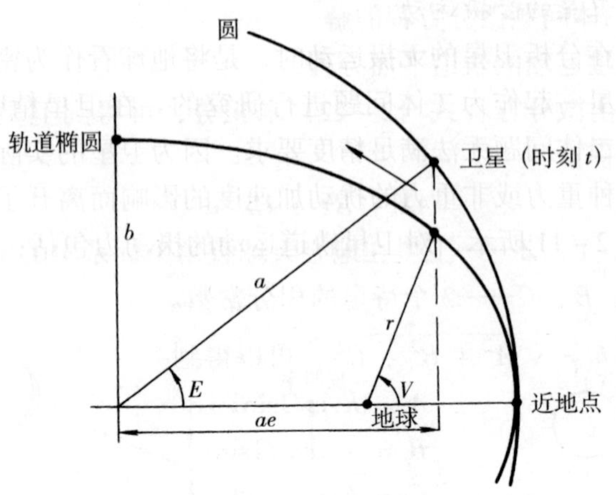

图 2－10　卫星运动的轨道椭圆

因偏近点角 E 是一个与时间有关的辅助参数，可见，用 E 将好于用真近点角 V。

④开普勒方程

设卫星沿椭圆运动的周期为 T，则其平均角速度为 $n=2\pi/T$，应用开普勒第三定律，将平均角速度 n、半长轴 a 和地球引力常数 μ 联系起来，其数学表达式为

$$\mu = n^2 \cdot a^3 \tag{2-27}$$

卫星过近地点的时刻 τ 和偏近点角 E 的关系式可由开普勒方程给出：

$$n(t-\tau) = E - e\sin E \tag{2-28}$$

式中，当 $t=\tau$ 时，$E=0$，此时 $r=a\ (1-e)$，对照图 2－10 可知，卫星正位于近地点处。

若令 $M=n\ (t-\tau)$，这里，M 表示随时间 t 以平均角速度 n 变化，故称 M 为平近点角。则开普勒方程也可写为

$$M = E - e\sin E \tag{2-29}$$

综上所述，若已知卫星的 6 个轨道根数，就可以惟一确定卫星的运动状态，即可以确定任意时刻的卫星位置及其运动速度。

(2) 卫星的受摄运动

我们在分析卫星的无摄运动时，是将地球看作为密度均匀的圆球与卫星一起作为二体问题进行研究的。在卫星精密定位中，仅仅考虑二体问题无法满足精度要求。因为卫星的实际轨道，由于受到各种重力或非重力的扰动加速度的影响而离开了开普勒轨道。如图 2－11 所示，对卫星轨道运动的摄动力包括：

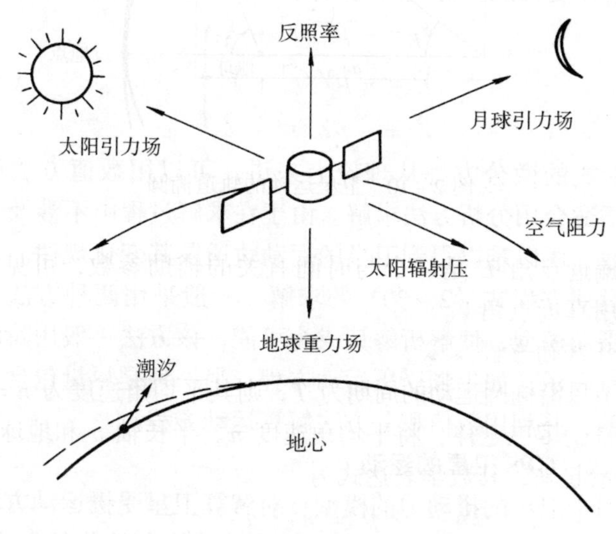

图 2－11　作用于 GPS 卫星的摄动力

1）中心物体的非球性（地球引力场摄动力）；

2）其他物体，如月亮和太阳的引力；

3）大气阻力；

4）太阳的直接和反射的辐射压；

5）地球潮汐（固体潮和海潮）。

因此，卫星的受摄运动是为考虑摄动力作用的卫星运动。在讨论二体问题中，卫星运动的 6 个轨道根数为常数。在考虑摄动力的作用后，卫星受摄运动的轨道根数将随时间发生变化。所以，卫星在地球质心引力和各种摄动力总的影响下的轨道根数称为瞬时轨道根数。卫星运动的真实轨道称为卫星的摄动轨道或瞬时轨道。瞬时轨道不是椭圆，轨道平面在空间的方向也不是不变的。

卫星受摄运动方程在空间直角坐标系中，可以用直角坐标表示，即在二体问题的微分方程式（2－22）中，加入受摄运动分量，不过该受摄运动分量是与时间 t 有关的，其形式可写为

$$\left.\begin{aligned}\ddot{X} &= -\mu X/r^3 + \ddot{X}_t \\ \ddot{Y} &= -\mu Y/r^3 + \ddot{Y}_t \\ \ddot{Z} &= -\mu Z/r^3 + \ddot{Z}_t\end{aligned}\right\} \qquad (2-30)$$

该形式的微分方程从理论上来讲，可以用数值方法进行求解，但不适合用分析方法求解。由于在求解过程中不涉及卫星的轨道根数，所以难以得到卫星的运动轨道及其变化规律。对于卫星受摄运动方程式（2－30）的求解，一般采用两种方法，一种是截断摄动模型，使解析解算成为可能，该方法一般用瞬时轨道参数进行表示，如牛顿受摄运动方程；另一种是尽量包含完整的摄动模型，并利用数值积分方法解算运动方程。

2.2.2 GPS 卫星的运动

作用于卫星的摄动力的模型，对解算卫星受摄运动方程是必要的。构成这些摄动力模型是卫星轨道计算和精化的先决条件。如果要使 GPS 卫星轨道精度达到 2～20m，从而满足地面 0.1～1ppm 的定位精度，需要什么样的摄动力模型？

Rizos & Stolz（1985）研究了摄动力对 GPS 卫星轨道的影响。研究表明，对两万多公里高度的 GPS 卫星可以不必顾及大气阻力的影响，而可只根据地球的非球性、日月的直接和间接引力、太阳辐射压影响进行估算，得出 GPS 卫星在短弧（几 h）和较长弧（1～2d）情况下各种摄动力的响应特性。他们对加摄动加速度和不加摄动加速度生成的轨道作了大量试验。表 2－1 综合了得出的卫星位置差。

摄动力对 GPS 卫星的影响 **表 2-1**

摄动源		摄动加速度 (m/s^2)	摄动量(m)	
			3h 弧段	2d 弧段
地球的非对称性	地球重力场球谐系数 C_{20}	5×10^{-5}	2km	14km
	其他调和项	3×10^{-7}	5~80	100~1500
日、月质量影响		5×10^{-6}	5~150	1000~3000
地球潮汐位	固体潮	1×10^{-9}	—	0.5~1.0
	海洋潮汐	1×10^{-9}	—	0.0~2.0
太阳辐射压		1×10^{-7}	5~10	100~800
太阳反照压		1×10^{-9}	—	1.0~1.5

(1) 地球的重力位

地球引力场对卫星的引力包括地球质心引力和地球引力场摄动力（由于地球形状不规则及其质量不均匀而引起）两部分。地球引力是一种保守力，可以建立位函数 U（r，ϕ，λ）来表示地球外部空间一个质点所受的作用力。其位函数的一般形式为：

$$U(r,\phi,\lambda) = G_{\mathrm{M}}/r + R \tag{2-31}$$

式中 r——质点地心矢量的模；

ϕ，λ——质点的球面坐标；

G_{M}/r——地球形状规则和密度均匀所产生的正常引力位，卫星在其作用下作二体运动，其轨道为正常轨道；

R——摄动位函数。

由于地球形状的不规则性，其内部质量的分布也不均匀，摄动位函数 R 不能用一个简单公式给出，可用无穷级数表示，其球谐函数展开式的一般式为：

$$R = G_{\mathrm{M}}\left(\sum_{n=1}^{n}(a^n/r^{n+1})\right)\sum_{n=0}^{n}P_{\mathrm{nm}}(\sin\varphi)$$

$$(C_{\mathrm{nm}}\cos m\lambda + S_{\mathrm{nm}}\sin m\lambda) \tag{2-32}$$

式中 G_{M}——引力常数和地球质量的乘积；

a——地球赤道半径；

$P_{nm}(\sin\varphi)$——n 阶 m 次勒让德函数；

C_{nm}、S_{nm}——地球重力场球谐系数；

n——预定的某一最高阶次；

r——至卫星的地心半径。

由于 GPS 卫星的轨道较高，而随高度的增加，地球非球形引力的影响将迅速减小，所以，只要应用展开式的较少项数，便可以满足确定 GPS 卫星轨道的精度要求。地球引力场摄动位的影响，主要由与地球极扁率有关的二阶球谐系数项所引起，其对卫星轨道的影响主要表现在：

1）引起轨道平面在空间的旋转，并使升交点沿地球赤道产生缓慢的进动，进而使升交点的赤经 Ω 产生周期性变化。

2）引起近地点在轨道面内平移，近地点的变化，说明开普勒椭圆在轨道平面内定向的改变，从而引起了卫星轨道近地点角距 ω_s 的缓慢变化。

3）引起平近点角 M 的变化。

（2）日、月的直接影响

日、月引力对卫星轨道的影响，是太阳和月亮的质量对卫星所产生的引力加速度而产生的。若取 M_s、M_m 分别表示日、月的质量，r_s、r_m 为日、月的地心向径，而 r 为卫星的地心向径，则日、月引力造成卫星相对于地球的摄动加速度可表示为：

$$F_s + F_m = GM_s[(r_s - r)/|r_s - r|^3 - r_s/|r|^3] + GM_m[(r_m - r)/|r_m - r|^3 - r_m/|r|^3] \quad (2-33)$$

日、月引力对 GPS 卫星产生的摄动加速度约为 $5\times10^{-6}\mathrm{m/s^2}$，如果忽略此项的影响，将可能使 GPS 卫星在 3h 的弧段上产生约 5~150m的位置误差。

（3）固体潮和海洋潮汐的影响

日、月引力作用于地球，使之产生形变（固体潮）或质量移动（海潮），从而引起地球质量分布的变化，该变化将导致地球引力的变化。通常可以将这种变化视为在不变的地球引力中附加一个小的摄动力——潮汐作用力。在5d的弧段中，潮汐作用力对GPS卫星位置的影响可达1m。

设日、月的二阶、三阶引力潮位为 U_2 和 U_3；海洋的单层层密度为 σ_i；h_j 为第一勒夫数；l_j 为第二勒夫数；h_j^1 为第一负荷勒夫数；l_j^1 为第二负荷勒夫数；G 为万有引力常数；R 为地球平均半径。则由固体潮和海潮引起的侧站点的位移值为：

$$
\begin{cases}
\delta_\gamma = h_2 U_2/g + h_3 U_3\Big/ g + 4\pi GR \sum_{i=1}^{n} [h_i^1 \sigma_i ((2i+1)g)^{-1}] \\
\delta_\phi = (l_2/g)\partial U_2\Big/\partial\phi + l_3 \partial U_3\Big/ \\
\qquad \partial\phi + 4\pi GRg^{-1} \sum_{i=1}^{n} [l_j^1 (2i+l)^{-1} \partial\sigma_i/\partial\phi] \\
\delta_\lambda = (l_2/g)\partial U_2/\partial\lambda + l_3 \partial U_3\Big/ \\
\qquad \partial\lambda + 4\pi GRg^{-1} \sum_{i=1}^{n} [l_j^1 (2i+1)^{-1} \partial\sigma_i/\partial\lambda]
\end{cases}
\tag{2-34}
$$

已知测站的变形量 $\delta = [\delta_\gamma, \delta_\phi, \delta_\lambda]$，将其投影到测站至卫星的方向上，从而求出单点定位时观测值中应加的因地球潮汐所引起的改正数 V：

$$
V = (\delta_\lambda \cdot x + \delta_\phi \cdot y + \delta_r \cdot z)/(x^2 + y^2 + z^2)^{1/2} \tag{2-35}
$$

(4) 太阳光压

卫星在运行中，除直接受到太阳光辐射压力的影响外，还将受到由地球反射的太阳光间接辐射压力的影响。通常，间接辐射压力对GPS卫星运动影响较小，一般只有直接辐射压力影响的1%～2%。卫星在运动中受到的太阳光辐射压力为：

$$
F_p = -K\rho_p S r_s^\circ \tag{2-36}
$$

式中 K——卫星表面反射系数；

ρ_p——光压强度，常取 4.5605×10^{-6}N/m；

S——垂直于太阳光线的卫星截面积；

r_s°——太阳在坐标系中的位置单位矢量。

太阳光压对 GPS 卫星产生的摄动加速度，约为 $10^{-7}m/s^2$ 量级，由此将使卫星轨道在 3h 的弧段上产生 5~10m 的偏差。

2.2.3 GPS 卫星星历

卫星星历是描述卫星运动轨道的信息，根据卫星星历可以算出任意时刻的卫星位置及其速度。GPS 卫星星历分为广播星历（又称预报星历或外推星历）和后处理星历（也称精密星历）。

（1）广播星历

GPS 广播星历是指含于每颗 GPS 卫星发射的导航电文的 GPS 卫星的预报位置，通常包括相对于某一参考历元的开普勒根数和必要的轨道摄动改正项参数。GPS 广播星历表征参数共有 16 个，其意义见表 2-2，其中包括 1 个参考时刻，6 个对应参考时刻的开普勒根数和 9 个反映摄动力影响的参数。这些参数通过 GPS 卫星发射的含有轨道信息的导航电文传递给用户。GPS 卫星广播星历实例见表 2-3。

GPS 卫星广播星历的表征参数 **表 2-2**

t_{oe}	星历的参考历元(s)
M_0	按参考历元 T_{oe} 计算的平近点角(rad)
Δn	由精密星历计算得到的卫星平均角速度与按给定参数计算所得的平均角速度之差(rad)
e	轨道偏心率
$\sqrt{A}$	轨道长半径的平方根(m)
Ω_0	按参考历元 T_{oe} 计算的升交点赤径(rad)
i_0	按参考历元 T_{oe} 计算的轨道倾角(rad)
ω	近地点角距(rad)
$\dot{\Omega}$	升交点赤径的变化率(rad/s)
C_{uc}	纬度幅角的余弦调和项修正的振幅(rad)
C_{us}	纬度幅角的正弦调和项修正的振幅(rad)
C_{rc}	轨道半径的余弦调和项修正的振幅(m)
C_{rs}	轨道半径的正弦调和项修正的振幅(m)
C_{ic}	轨道倾角的余弦调和项修正的振幅(rad)
C_{is}	轨道倾角的正弦调和项修正的振幅(rad)
AODE	星历数据的龄期

其中，Δn 中包括了轨道根数的常期摄动 ω。Δn 中主要是二阶带谐项引起 ω 的长期漂移，也包括了日月引力摄动和太阳光压摄动。在 Ω 中主要是二阶带谐项引起 Ω 的长期漂移，同时，包括了极移的影响。

GPS 卫星广播星历实例（2002 年 1 月 23 日 10h00m0.0s） **表 2-3**

星历参数	卫星 PRN04	卫星 PRN11	卫星 PRN27
a_0(s)	.267131254077D-03	.752368941903D-05	.878795981407D-05
a_1(s/s)	-.314912540489D-10	.341060513165D-12	.113686837722D-11
a_2(s/s^2)	.000000000000D+00	.000000000000D+00	.000000000000D+00
t_{oe}(s)	.295200000000D+06	.295200000000D+06	.295200000000D+06
IODE(s)	.700000000000D+01	.600000000000D+01	.154000000000D+03
$\sqrt{A}$(m)	.515360601044D+04	.515369302750D+04	.515363818741D+04
e	.588700990193D-02	.694869901054D-03	.157439501490D-01
i_0(rad)	.971689178389D+00	.919390982039D+00	.943298483757D+00
ω(rad)	-.372916404779D+00	-.152742134264D+01	-.249687055792D+01
Ω_0(rad)	-.263966967380D+01	-.272338823886D+01	.432829031215D+00
M_0(rad)	.118863418174D+01	-.226663868157D+01	.107445937241D+01
Δn(rad/s)	.437625402583D-08	.560951951556D-08	.531093569123D-08
$\dot{\Omega}$(rad/s)	-.823070056555D-08	-.885501183490D-08	-.854964188335D-08
IDOT(rad/s)	.528593453730D-10	.120719323426D-09	-.152863513514D-09
C_{uc}(rad)	.149384140968D-05	.166706740856D-05	.745058059692D-08
C_{us}(rad)	.341050326824D-05	.289082527161D-05	.695139169693D-05
C_{rc}(m)	.317937500000D+03	.297750000000D+03	.240625000000D+03
C_{rs}(m)	.282500000000D+02	.306562500000D+02	-.653125000000D+01
C_{ic}(rad)	.745058059692D-07	-.372529029846D-07	-.130385160446D-06
C_{is}(rad)	.800937414169D-07	.149011611938D-07	.171363353729D-06
GPS 周数	.115000000000D+04	.115000000000D+04	.115000000000D+04
T_{gd}电离层延迟改正(s)	-.605359673500D-08	-.838190317154D-08	-.419095158577D-08
IODC 星钟的数据龄期	.700000000000D+01	.600000000000D+01	.154000000000D+03
卫星精度(m)	.240000000000D+01	.240000000000D+01	.485000000000D+01
卫星健康("0"表示健康)	.000000000000D+00	.000000000000D+00	.000000000000D+00

星历表参考历元 t_{oe} 是从星期日子午夜零点开始计算的参考时刻，星历表数据龄期 IODE 为从 t_{oe} 时刻至为作预报星历测量的最后观测时刻之间的时间，故 IODE 是预报星历的外推时间间隔。

GPS 卫星向全球用户播发的星历，是用两种波码进行转送的。一种是叫做 C/A 码所传送的 GPS 星历（简称 C/A 码星历），其星历精度可达数十米。1991 年后，美国对 GPS 工作卫星实施了 SA 技术，C/A 码星历精度降低，使 GPS 单点的定位精度降低到近百米。另一种用 P 码所转送的 GPS 卫星星历（简称 P 码星历）精度提高到近 5m，只有工作于 P 码的接收机才能从 P 码中解译出精密的 P 码星历。大多数的商品接收机，都是工作于 C/A 码的，只能使用降低了精度的 C/A 码星历。因此，用户只能利用精密的后处理星历来解决这一问题。

(2) 后处理星历

后处理星历是一些国家根据各自建立的卫星跟踪站所获得的对 GPS 卫星的精密观测资料，应用与确定广播星历相似的方法而计算的卫星星历。它可以向用户提供观测时间内的卫星星历，避免了星历外推的误差。由于该星历是事后向用户提供的在其观测时间内的精密轨道信息，因此称为后处理星历或精密星历。这种星历不是通过 GPS 卫星的导航电文向用户传递，而是利用磁带或通过电视电传卫星通讯等方式有偿地为所需要的用户服务。

2.3 GPS 卫星信号

2.3.1 GPS 的信号结构

(1) GPS 卫星的码信号

1) GPS 卫星信号及其作用

在 GPS 卫星所发射的信号中，存在着载波信号、P 码、C/A 码和数据码（或称 D 码）等多种信号分量，其中，P 码和 C/A 码统称为测距码。GPS 卫星信号的产生、构成和复制等都涉及到现代数字通信理论和技术方面的复杂问题。其作用主要表现在：

①满足多用户系统的需要。GPS是按单程测距原理建立的，即用户只需通过接收设备来接收卫星发播的信号，并测定信号传播的单程时间延迟或相位延迟，进而确定从观测站至GPS卫星间的距离。该单程测距系统，不仅有利于简化地面接收设备，而且，凡具有接收设备的用户均可利用。

②满足实时定位的需要。利用GPS导航或实时定位的基本原理，类似于经典测量中的后方距离交会，即在同一观测站上必须同时观测数颗瞬时位置已知的卫星，以确定观测站至这些卫星的距离。GPS工作卫星的数量及其分布，既保证了定位的连续性和全球性，同时，还通过卫星发送的导航电文，给出了有关卫星瞬时位置的信息。

③满足高精度导航和定位的需要。由于卫星信号穿过电离层时将受到电离层的折射影响，因此，GPS卫星发射了具有2种不同频率的电磁波信号，以利于双频观测技术计算电离层影响的修正。GPS卫星发射的电磁波还具有较高的频率，使其提高了电磁波穿透大气层的能力，同时也满足了用户通过测量电磁波的多普勒频移进行高精度测速的要求。

④满足保密的要求。即使用与P码相似的Y码，提供保密性极高的信号。

2）码的概念

在现代数字化通信中，广泛使用二进制数（即“0”和“1”）及其组合来表示各种信息。通常，将这些表达不同信息的二进制数及其组合称为码。在二进制中，一位二进制数叫做一个码元或一比特（bit），比特即为码的度量单位。如果将各种信息，例如声音、图像和文字等通过量化，并按某种预定的规则表示为二进制的组合形式，此过程称为编码。在二进制数字化传输中，每s钟传输的比特数称为数码率，用以表示数字化信息的传送速度，其单位为bit/s或记做BPS。

3）随机噪声码

码实质上是一组二进制的数码序列，该序列可以表达成以0

和1为幅度的时间的函数。假设一组码序列 u（t），对于某一时刻，码元是1或0完全是随机的，但其出现的概率均为1/2。码元幅度的取值是完全无规律的码序列，通常叫做随机噪声码序列。随机噪声码序列是一种非周期序列，无法复制。随机码的特性是其自相关性好，这对提高利用GPS卫星码信号测距的精度有着非常重要的意义。但因其序列是非周期性的，且不服从任何编码规则，实际直接应用性较差。

4）伪随机噪声码

通常，在GPS信号中使用了伪随机码编码技术，识别和分离各颗卫星信号，并提供无模糊度的测距数据。伪随机噪声码又叫伪随机码或伪噪声码，简称PRN，是一个具有一定周期取值的0和1的离散符号串。它不仅具有高斯噪声所有的良好自相关特征，而且具有某种确定的编码规则。

伪随机码的产生方式很多。GPS技术采用 m 序列，即产生于最长线性反馈移位寄存器。该移位寄存器由一组连接在一起的存储单元组成，每个存储单元只有0或1两种状态。移位存储器的控制脉冲有两个：钟脉冲和置“1”脉冲。移位存储器是在脉冲钟的驱动及置“1”脉冲的作用下工作的。

5）测距码

GPS卫星采用了两种测距码，即C/A码和P码（或Y码）。它们均属伪随机码。

①C/A码

C/A码是用于粗测距和捕获GPS卫星信号的伪随机码，由两个10级反馈移位寄存器构成的G码产生（图2－12）。两个移位寄存器于每星期日子夜零时，在置“1”脉冲作用下全处于1状态，同时在码频率1.023MHz驱动下，两个移位寄存器分别产生码长为 $N=2^{10}-1=1023$，周期为1ms的两个 m 序列 G_1（t）和 G_2（t）。G_2（t）序列经过相位选择器，输入一个与 G_2（t）平移等价的 m 序列，然后与 G_1（t）进行模二相加，便得到C/A码。即：

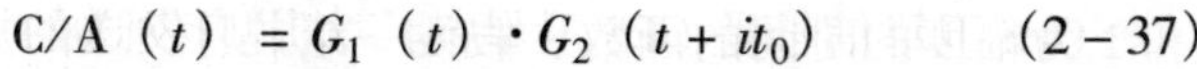

$$C/A(t) = G_1(t) \cdot G_2(t + it_0) \quad (2-37)$$

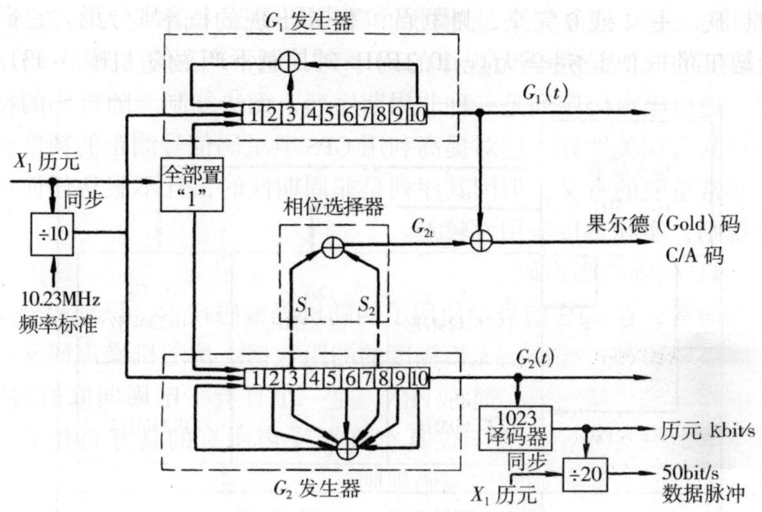

图 2-12 C/A 码构成示意图

②P 码

P 码是 GPS 卫星的精测码，码频率为 10.23MHz。它由两个伪随机码 $PN_1(t)$ 和 $PN_2(t)$ 的乘积得到。

$PN_1(t)$ 是由两个 12 级反馈移位寄存器构成，两个移位寄存器分别采用反馈点八进制编码 14501 和 17147 形成周期为 1.5s 的 m 序列。一周期的码位数为 15.345×10^6 位。$PN_2(t)$ 是由另外两个 12 级反馈移位寄存器构成，两个移位寄存器分别采用反馈点八进制编码 17673 和 11435 形成两个 m 序列，码率与 $PN_1(t)$ 相同，但码位比其多 37 个单元，码长为 $15.345 \times 10^6 + 37$。因此，P 码为：

$$P(t) = PN_1(t) \cdot PN_2(t + n_i\tau) \quad 0 \leqslant n_i \leqslant 36 \quad (2-38)$$

其相应的码元数为 2.35×10^{14}，相应的周期为 38 星期。

(2) GPS 卫星信号的构成

1) 卫星载波信号与调制

GPS 卫星信号是 GPS 卫星向广大用户发送的用于导航定位的调制波，主要包含载波、测距码和数据码等三个信号分量。它们均是在同一个基本频率 $f_0 = 10.23MHz$ 的控制下产生的（图 2－13）。

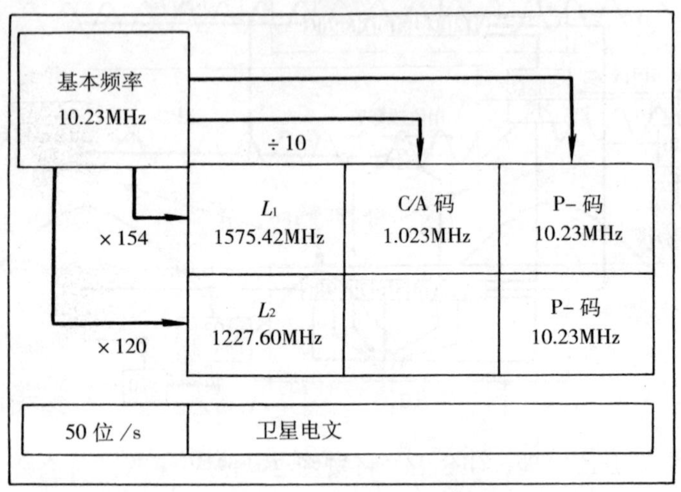

图 2－13　GPS 卫星的信号产生示意图

GPS 卫星取 L 波段的两种不同频率的电磁波为载波，即：

L_1 载波其频率 $f_1 = 154 \times f_0 = 1575.42MHz$，波长 $\lambda_1 = 19.03cm$

L_2 载波其频率 $f_2 = 120 \times f_0 = 1227.60MHz$，波长 $\lambda_2 = 24.42cm$

在无线电通信技术中，为了有效地传播信息，均应将频率较低的信号加载到频率较高的载波上，通常将此过程称为调制。在载波 L_1 上调制有 C/A 码、P 码（或 Y 码）和数据码，而在载波 L_2 上调制有 P 码（或 Y 码）和数据码。GPS 卫星的测距码和数据码是采用调相技术调制到载波上的，且调制码的幅值只取 0 或 1。如果当码值取 0 时，对应的码状态取为 +1；而当码值取 1 时，对应的码状态为 −1，那么载波和相应的码状态相乘后便实现了调制。此时，当载波与码状态 +1 相乘时，其相位不变，而当与码状态 −1 相乘时，其相位改变 180°。因此，当码值从 0 变到 1 或从 1 变到 0 时，都将使载波相位改变 180°。这时的载波信号实现了调制码的相位调制（图 2－14）。

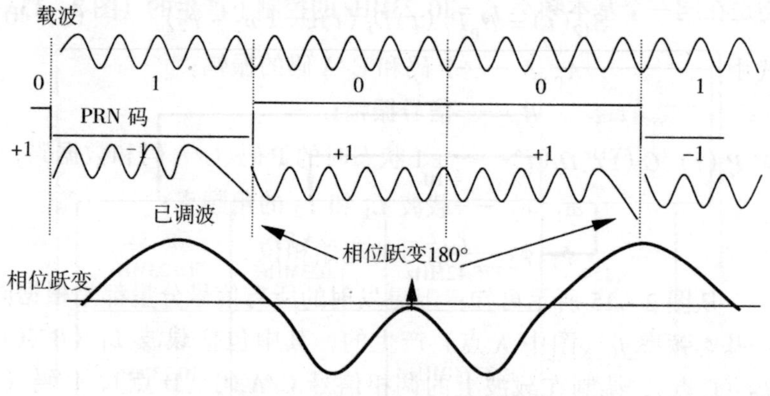

图 2－14　伪噪声码的相位调制

根据上述原理，GPS 信号将按图 2－15 的线路进行合成，然后向全球发射，形成随时均可收到的 GPS 信号。若 S_{L1}（t）和 S_{L2}（t）分别表示载波 L_1 和 L_2 经测距码和数据码调制后的信号，则 GPS 卫星发射的信号分别表示为：

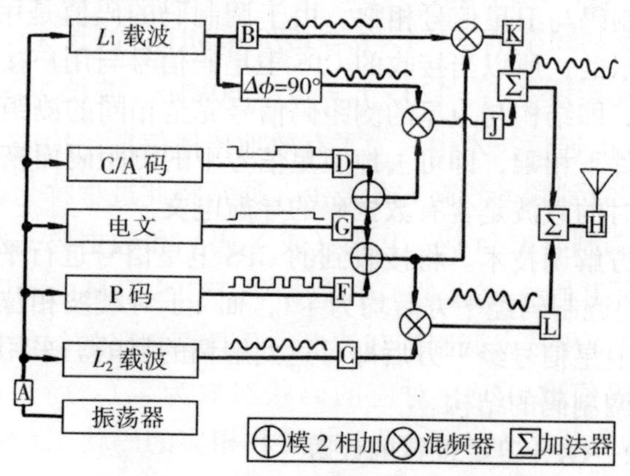

图 2－15　GPS 卫星信号构成示意图

$$S_{L1}(t) = A_p P_i(t) D_i(t)\cos(\omega_1 t + \phi_1) + A_c C_i(t) D_i(t)\sin(\omega_1 t + \phi_1) \quad (2-39)$$

$$S_{L2}(t) = B_p P_i(t) D_i(t)\cos(\omega_2 + \phi_2) \quad (2-40)$$

式中 A_p、A_c——P码和C/A码的振幅；

B_p——信号振幅；

$P_i(t)$、$C_i(t)$、$D_i(t)$——±1状态时的P码、C/A码和数据码；

ω_1、ω_2——载波 L_1 和 L_2 的角频率；

ϕ_1、ϕ_2——信号的起始相位。

从图2－15所示可知：卫星发射的所有信号分量都是根据同一基本频率 f_0（图中A点）产生的，其中包括载波 L_1（B点），L_2（C点），调制在载波上的调相信号C/A码（D点），P码（F点）和数据码（G点）。经卫星发射天线（H点）发射的信号分量包括C/A码信号（J点），L_1－P码信号（K点）和 L_2－P码信号（L点）。

2）卫星信号的解调

为了进行载波相位测量，当用户接收机收到GPS卫星发播的信号后，可通过以下两种解调技术来恢复载波的相位。

①复制码与卫星信号相乘。由于调制码的码值是用±1的码状态来表示的，所以当接收的GPS卫星码信号与用户接收机产生的复制码，即结构与卫星的测距码信号完全相同的测距码，在两码同步条件下相乘，即可去掉卫星信号中的测距码而恢复原来的载波。这时的载波是含有数据码的导航电文。

②平方解调技术。将接收到的GPS卫星信号进行平方，由于处于±1的调制码经平方后均为＋1，而＋1对载波相位不产生影响，所以卫星信号经平方后即可达到解调的目的。采用该方法可不必知道调制码的结构。

2.3.2 GPS卫星位置的计算

根据GPS卫星播发的轨道参数，可以按一定公式计算 t 时刻GPS卫星的位置。

（1）已知常数（在 WGS－84 坐标系中）

地球引力常数 $\mu = 3.986005 \times 10^{14} \mathrm{m}^3/\mathrm{s}^2$

地球自转角速度 $\dot{\Omega}_{\mathrm{e}} = 7.292115147 \times 10^{-5} \mathrm{rad/s}$

（2）计算 t 时刻卫星的真近点角 V_{k}

1）计算轨道长半轴

$$a = (\sqrt{a})^2 \tag{2-41}$$

2）计算卫星运行的平均角速度

$$n_0 = \frac{2\pi}{T} = \sqrt{\frac{\mu}{a^3}} \tag{2-42}$$

3）计算修正后的卫星运行的平均角速度

$$n = n_0 + \Delta n \tag{2-43}$$

4）计算时差

GPS 卫星的轨道参数是相对于参考时间 t_{oe}的，因此，某观测时刻 t 应归化到该时系中，为

$$t_{\mathrm{k}} = t - t_{\mathrm{oe}} \tag{2-44}$$

式中　t_{k} 称为相对于参考时刻 t_{oe}（星历表参考历元）的归化时间，但应顾及一周（604800s）的开始或结束。即当 $t_{\mathrm{k}} > 302400\mathrm{s}$ 时，t_{k} 应减去 604800s；当 $t_{\mathrm{k}} < -302400\mathrm{s}$ 时，t_{k} 应加上 604800s。

5）计算 t 时刻的平近点角

根据卫星电文所给出参考时刻 t_{oe}的平近点角 M_0，可求得观测时刻卫星平近点角 M_{k}：

$$M_{\mathrm{k}} = M_0 + n \cdot t_{\mathrm{k}} \tag{2-45}$$

6）计算 t 时刻的偏近点角

根据卫星电文所给出的偏心率 e 和卫星的平近点角 M_{k} 可得到

$$E_{\mathrm{k}} = M_{\mathrm{k}} + e\sin E_{\mathrm{k}} \tag{2-46}$$

该开普勒方程可用迭代法进行解算。即先令 $E_{\mathrm{k}} = M_{\mathrm{k}}$，代入上式，求出 E_{k} 再代入进行计算。由于 GPS 卫星轨道的偏心率 e 约为 0.01 左右，因此收敛很快，只需迭代计算两次便可求得偏近点

角 E_k。

7）计算真近点角 V_k

$$V_k = \mathrm{arctg}[(1-e^2)^{1/2}\sin E_k]/(\cos E_k - e) \quad (2-47)$$

(3) 计算摄动修正后的升交角距 u_k、卫星矢径 r_k 和轨道倾角 i_k

1）计算升交角距 Φ_k

$$\Phi_k = V_k + \omega \quad (2-48)$$

式中 ω——卫星电文给出的近地点角距。

2）计算摄动影响

$$\begin{aligned} \delta u &= C_{uc}\cdot\cos(2\Phi_k) + C_{us}\cdot\sin(2\Phi_k) \\ \delta r &= C_{rc}\cdot\cos(2\Phi_k) + C_{rs}\cdot\sin(2\Phi_k) \\ \delta i &= C_{ic}\cdot\cos(2\Phi_k) + C_{is}\cdot\sin(2\Phi_k) \end{aligned} \quad (2-49)$$

式中 δu、δr 和 δi 分别表示升交距角 u 的摄动量，卫星矢径 r 的摄动量和轨道倾角 i 的摄动量。

3）计算经过摄动修正的升交距角 u_k、卫星矢径 r_k 和轨道倾角 i_k

$$\begin{aligned} u_k &= \Phi_k + \delta u \\ r_k &= a(1 - e\cos E_k) + \delta r \\ i_k &= i_0 + \dot{I}\cdot t_k + \delta i \end{aligned} \quad (2-50)$$

式中 a——轨道长半径；

i_0——按参考历元 t_{oe} 计算的轨道倾角；

$\dot{I}$——轨道倾角变化率。

(4) 计算 t 时刻的升交点经度 Ω_k

观测时刻的升交点经度 Ω_k 为该时刻升交点赤经 Ω（春分点和升交点之间的角距）与格林尼治视恒星时 GAST（春分点和格林尼治起始子午线之间的角距）之差，经过参数代换，可得：

$$\Omega_k = \Omega_o + (\dot{\Omega} - \dot{\Omega}_e)\, t_k - \dot{\Omega}_e t_{oe} \quad (2-51)$$

式中，$\dot{\Omega}$ 为升交点赤经的变化率，其值一般为每小时千分之几度，卫星电文每小时更新一次 $\dot{\Omega}$ 和 t_{oe}；Ω_o、$\dot{\Omega}$、t_{oe} 均可从卫星电文中获取。

(5) 计算卫星在地心固定坐标系中的位置

$$\begin{bmatrix} X_k \\ Y_k \\ Z_k \end{bmatrix} = \begin{bmatrix} \cos\Omega_k \cos u_k - \sin\Omega_k \sin u_k \cos i_k \\ \sin\Omega_k \cos u_k + \cos\Omega_k \sin u_k \cos i_k \\ \sin u_k \sin i_k \end{bmatrix} \cdot r_k \quad (2-52)$$

表 2-4 列出了某时刻 3 颗卫星位置的计算结果。

卫星位置计算实例 **表 2-4**

卫星号 / 参数	PRN 03	PRN 16	PRN 24
$n_0 =$	.145853645660D-03	.145862114750D-03	.145850422798D-03
$n =$	.145854845710D-03	.145866573507D-03	.145855236213D-03
$t_k =$	-.370008269340D+04	-.560006928319D+04	-.560007000559D+04
$M_k =$	-.116255472286D+01	-.223353283443D+01	-.178237243863D+01
$E_k =$	-.117434198316D+01	-.223483273861D+01	-.178607913665D+01
$V_k =$	.509702656428D+01	.404705332455D+01	.449340096503D+01
$\Phi_k =$	.762877666750D+01	.690617028796D+01	.192961447292D+01
$\delta_u =$	.533012400556D-05	.927057086852D-05	-.362781863439D-05
$\delta_r =$	-.244072432524D+03	.555742586277D+02	.202698889829D+03
$\delta_i =$	-.118551902155D-07	-.353048054590D-07	-.118360514274D-06
$u_k =$	.762878199762D+01	.690617955854D+01	.192961084510D+01
$r_k =$	.264290851326D+08	.265864345183D+08	.265821057233D+08
$i_k =$	.112033438735D+01	.957490217146D+00	.965093899816D+00
$\Omega_k =$	-.704007791089D+01	-.505949663748D+01	-.615112314485D+01
$X_k =$	.119921034457D+08	-.105095280599D+07	-.111193490146D+08
$Y_k =$	.410141078989D+07	.233413529003D+08	.128178358632D+08
$Z_k =$	.231919043079D+08	.126852372219D+08	.204614639252D+08

2.4 美国政府的 GPS 政策

全球定位系统是美国国防部为军事用途而研制组建的卫星导航定位系统，虽然美国政府也采取了鼓励民用的政策，但毕竟无法洗刷掉打印在该系统上的军用系统烙印。SA 政策和 AS 政策就是典型的例证。

2.4.1 SA 和 AS 政策

美国政府在 GPS 的最初设计中，计划向社会提供两种服务：精密定位服务（PPS）和标准定位服务（SPS）。精密定位服务的主要对象是美国军事部门和其他特许民用部门。使用 C/A 码和双频 P 码，以消除电离层效应的影响，使预期定位精度达到 10m。标准定位服务的主要对象是广大的民间用户。它只使用结构简单、成本低廉的 C/A 码单频接收机，预期定位精度只达到 100m 左右。但是，在 GPS 试验阶段，由于提高了卫星钟的稳定性和改进了卫星轨道的测定精度，使得只利用 C/A 码进行定位的 GPS 精度达到 14m，利用 P 码的 PPS 的精度达到 3m，远远优于预期定位精度。美国政府考虑到自身的安全，于 1991 年 7 月在 Block 卫星上实 SA 和 AS 政策。其目的是降低 GPS 的定位精度。

SA（Selective Avaibility）政策称为有选择可用性。它包括在 GPS 卫星基准频率上增加了 δ 技术和在导航电文上增加 ε 技术两项措施。所谓 δ 技术，就是对 GPS 卫星的基准频率施加高频抖动噪声信号，而这种信号是随机的，从而导致测量出的伪距误差增大。所谓 ε 技术，就是人为的将卫星星历中轨道参数的精度降低到 200m 左右。总之。采用这两项技术后。使测量的 GPS 定位精度降低到原先估计的误差水平。

AS（Anti－Spoofing）政策称为反电子欺骗政策。其目的是保护 P 码。它将 P 码与更加保密的 W 码模 2 相加形成新的 Y 码，实施 AS 政策的目的在于防止敌方对 P 码进行精密导航定位的电子干扰。这样一来，不能使用 P 码进行精密定位，也不能进行 P 码和 C/A 码码相位测量的联合求解。

2.4.2 针对 SA 和 AS 政策的对策

为克服 SA 政策的影响，发展了差分 GPS 技术，根据差分 GPS 定位原理，现已建立和发展以下类型的差分系统。

(1) 区域差分 GPS 系统。利用 2 台 GPS 接收机（1 台具有基准站功能）就可构成差分 GPS 定位系统。目前应用最广的技术是伪距差分和相位平滑伪距差分，定位精度提高到 ±1.5m，一般作用范围为 40km。这一技术已经成为差分 GPS 的最主要的技术手段。为了提高定位精度和保持伪距差分的可靠性，出现了准载波相位差分 GPS，定位精度可达到 50cm，成为 1:500 大比例尺水深测图、疏浚、抛石等工程的有力手段。

(2) RBN/DGPS。这是交通部在我国沿海区域建立的无线电指向标/差分全球定位系统。整个系统由均匀分布在沿海的 21 个台站组成，为我国沿海提供差分 GPS 的 24h 服务，使用户在 300km 海域内接收差分信号，得到 5～10m 的定位精度。用户只要拥有 1 台信标 GPS 接收机，就可利用这一免费信号资源，进行实时差分定位，此技术正在得到大力推广。

(3) 广域差分 GPS 系统。它是利用分布在全世界或全国各地的基准站对 GPS 进行连续观测，从而计算出卫星轨道改正数、卫星钟差改正数和电离层改正数。利用专用大功率电台或专用卫星将这些改正数发送给用户。用户利用这些改正数对测得的观测量进行修正，最后计算出点位坐标，精度可达到 1m。这样的差分方式定位精度不受距离限制。目前，用户只要拥有 1 台广域差分 GPS 接收机就可接收香港上空 Omistar 卫星的广域差分信号进行精密定位，但属付费应用。

为了对付 AS 政策，采用了一种称为 P－W 跟踪技术，亦称 Z 跟踪技术。应用 P－W 技术和 L_1 与 L_2 交叉相关技术，恢复出 L_2 载波相位观测值。这一技术不要求知道 W 码的结构，只要求知道 W 码的定位信息，于是克服了保密 P 码的 AS 影响。这种定位信息可由实验方法测定出近似值即可。由 Z 跟踪技术提取 Y 码，能获得 L_1，L_2 载波全波的观测量。这种方法获取数据的信噪比是很高的，比相关接收提高了 13dB，比平方技术提高了 16dB，甚至比 Y 码相关技术提高了 3dB。这样，使得 GPS 静态相对定位的精度跨入了 mm 量级。

第 3 章　GPS 定位基本原理

对于无线电导航定位系统和卫星激光测距定位系统，其定位原理与测量学中采用测距交会法确定点位相类似，只不过是将已知点（控制点）放在天空而不是地面。

GPS 卫星发射测距信号和导航电文，导航电文中含有卫星的位置信息。用户用 GPS 接收机在某一时刻同时接收 3 颗以上的 GPS 卫星信号，测量出测站点（接收机天线中心）P 至 3 颗以上 GPS 卫星的距离并解算出该时刻 GPS 卫星的空间坐标，据此利用距离交会法解算出测站 P 的位置。如图 3－1，设在时刻 t_i 测站点 P 用 GPS 接收机同时测得 P 点至 3 颗 GPS 卫星 s_1，s_2，s_3 的距离 ρ_1，ρ_2，ρ_3，通过 GPS 电文解译出该时刻 3 颗 GPS 卫星的三维坐标分别为（X^j，Y^j，Z^j），$j=1$，2，3。用距离交会的方法求解 P 点的三维坐标（X，Y，Z）的观测方程为：

$$\begin{aligned}
{\rho_1}^2 &= (X-X^1)^2+(Y-Y^1)^2+(Z-Z^1)^2 \\
{\rho_2}^2 &= (X-X^2)^2+(Y-Y^2)^2+(Z-Z^2)^2 \\
{\rho_3}^2 &= (X-X^3)^2+(Y-Y^3)^2+(Z-Z^3)^2
\end{aligned} \tag{3-1}$$

在 GPS 定位中，由于 GPS 卫星的高速运动，其坐标值随时间也在快速变化。为此，需要实时的由 GPS 卫星信号测量出测站至卫星之间的距离，实时的由 GPS 卫星的导航电文解算出卫星的坐标值，并进行测站点的定位。依据测距原理，其定位方法主要有伪距法定位、载波相位测量定位、差分 GPS 定位等。对于待定点来说，根据其运动状态可以将 GPS 定位分为静态定位和动态定位。静态定位（又叫绝对定位）是指对于固定不动的待定点，将 GPS 接收机安置其上，观测数分钟乃至更长的时间，以确定该点的三维坐标。若以 2 台 GPS 接收机分别置于 2 个固定不变的待定点上，通过一定时间的观测后，可以确定两个待定点之间的相对位置，此方法称为相对定位。而动态定位则至少有 1 台接收机处于运动状态，测定的是各观测时刻（观测历元）运动中的接收机的点位（绝对点位或相对点位）。

利用接收到的卫星信号（测距码）或载波相位，均可进行静态定位。实际应用中，为了减少卫星的轨道误差、卫星钟差、接收机钟差以及电离层和对流层的折射误差的影响，常采用载波相位观测值的各种线性组合（即差分值）作为观测值，获得两点之间高精度的 GPS 基线向量（即坐标差）。

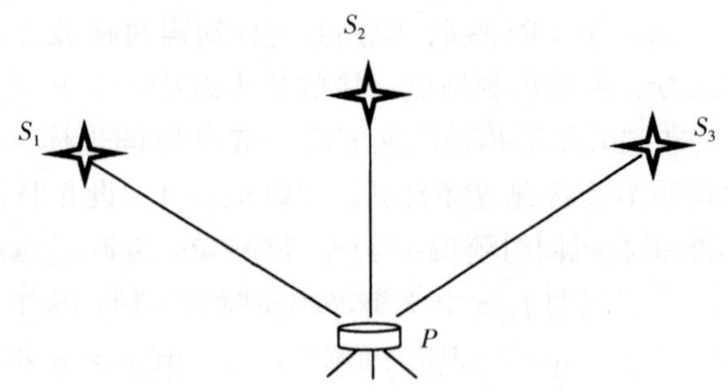

图 3-1　GPS 卫星的空间测距交会法定位

3.1　GPS 观测量

利用 GPS 定位，无论采用何种方法，都是以通过观测 GPS 卫星而获得的某种观测量来实现的。GPS 卫星信号含有多种定位信息，根据不同的要求可以从中获得不同的观测量，目前广泛使用的基本观测量主要包括码相位观测量和载波相位观测量两种。

3.1.1　码相位观测量（伪距测量）

码相位观测即是测量 GPS 卫星发射的测距码（C/A 码或 P 码）到达用户接收机天线的传播时间，该方法又称为时间延迟测量。

(1) 伪距测量原理

伪距法定位是由 GPS 接收机在某一时刻测出的到 4 颗以上 GPS 卫星的伪距以及已知的卫星位置，采用距离交会的方法求定接收机天线所在点的三维坐标。所测伪距即为由卫星发射的测距码信号到达 GPS 接收机的传播时间乘以光速所得出的量测距离。由于卫星钟、接收机的误差以及无线电信号经过电离层和对流层的延迟，实际测出的距离 ρ' 与卫星到接收机的几何距离 ρ 有一定差值，因此通常将量测出的距离称为伪距。用 C/A 码进行测量的伪距为 C/A 码伪距，用 P 码测量的伪距为 P 码伪距。伪距法定位虽然一次定位精度不高，但因其定位速度快，又无多值性问题，所以该方法成为 GPS 导航定位的基本方法。

GPS 卫星依据自己的时钟发出某一结构的测距码，该测距码经过 τ 时间的传播后到达接收机。接收机在本机时钟控制下，也产生一组结构完全相同的测距码——复制码。复制码通过机内可调时延器使其延迟时间 τ'，将这两组测距码进行相关处理，若自相关系数 $R(\tau') \neq 1$，则继续调整延迟时间 τ' 直至相关系数 $R(\tau') = 1$ 为止。使接收机所产生的复制码与接收到的 GPS 卫星测距码完全对齐，其延迟时间 τ' 即为 GPS 卫星信号从卫星传播到接收机所用的时间 τ'。GPS 卫星信号的传播是一种无线电信号的传播，其速度等于光速 c，卫星至接收机的距离即为 τ' 与 c 的乘积。

(2) 伪距测量的观测方程

在伪距测量中，GPS 卫星信号在电离层和对流层中传播时会引起附加延迟，设为 ${\delta_{ion}}^j$ 和 ${\delta_{trop}}^j$，第 j 颗卫星时钟相对于 GPS 系统时间的偏差为 ${\delta_t}^j$，用户接收机时钟相对于 GPS 系统时间的偏差为 δ_{t_k}，则可写出伪距的观测方程

$$\rho^j = \rho + C\left(\delta_{t_k} - {\delta_t}^j\right) + {\delta_{ion}}^j + {\delta_{trop}}^j \tag{3-2}$$

式中 C——光速；

j——卫星数，$j = 1, 2, 3, \cdots$。

其中，电离层延迟和对流层延迟可以按照一定的模型进行计算，卫星钟差 δ_t^j 可从导航电文中取得，几何距离 ρ 与卫星坐标（X_s，Y_s，Z_s）和接收机坐标（X，Y，Z）之间有如下关系：

$$\rho^2 = (X_s - X)^2 + (Y_s - Y)^2 + (Z_s - Z)^2 \quad (3-3)$$

这里，卫星坐标可根据卫星导航电文求得，因此，在式（3-2）中包含有接收机坐标 3 个未知量。如果接收机钟差 δ_{t_k} 也作为未知量，则共有 4 个未知量，这样，接收机必须至少同时测定 4 颗卫星的伪距才能解算出接收机的三维坐标。

3.1.2 载波相位测量

利用测距码进行伪距测量是 GPS 系统的基本测距方法。但是，由于测距码的码元长度较大，对于高精度定位应用，其测距精度则显得过低而无法满足用户需要。如果观测精度均取至测距码波长的 1%，则伪距测量对 P 码而言量测精度为 30cm，对 C/A 码而言为 3m 左右。如果将载波作为测量信号，因其波长短，则测量精度高。目前，大地型接收机的载波相位测量精度一般为 1～2mm,有的甚至更高。

（1）载波相位测量原理

载波相位测量的观测量是 GPS 接收机所接收的卫星载波信号与接收机本地参考信号的相位差。以 $\phi_k^j(t_k)$ 表示 k 接收机在接收机钟面时刻 t_k 所接收到的 j 卫星载波信号的相位值，$\phi_k(t_k)$ 表示 k 接收机在接收机钟面时刻 t_k 所产生的本地参考信号的相位值，则 k 接收机在接收机钟面时刻 t_k 观测 j 卫星所取得的相位观测量为：

$$\Phi_k^j(t_k) = \phi_k^j(t_k) - \phi_k(t_k) \quad (3-4)$$

由于，通常的相位或相位差测量只是测出一周以内的相位值，所以在实际测量中，还要对整周数进行计数，这样自某一初始观测时刻 t_0 以后就可以获得连续的相位测量值。

如图 3-2 所示，在初始时刻 t_0，测得小于一周的相位差为 $\Delta\phi_0$，其整周数为 N_0^j，此时包含整周数的相位观测值应为：

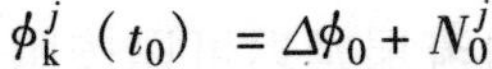

$$\phi_{k}^{j}\ (t_0)\ = \Delta\phi_0 + N_0^j$$

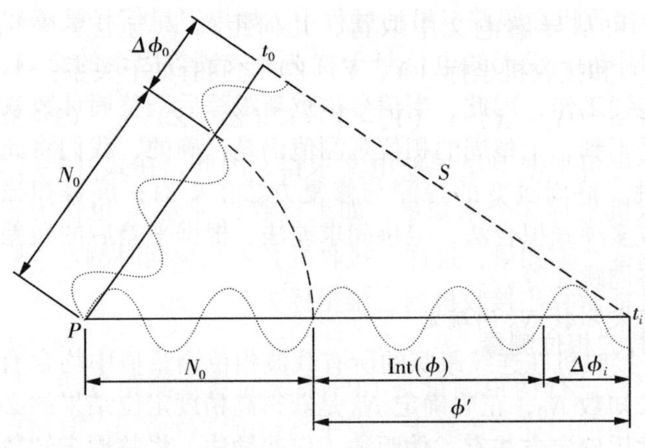

图 3-2　载波相位测量

之后，接收机继续跟踪卫星信号，不断测定小于一周的相位差 $\Delta\phi\ (t)$，并利用整波计数器记录从 t_0 到 t_i 时间内的整周数变化量 Int（ϕ），只要卫星在此时间段无中断，则初始时刻整周模糊度 N_0^j 应为常数。此时，每个完整的载波相位观测值为：

$$\phi_{k}^{j}\ (t_0)\ = N_0^j + \mathrm{Int}\ (\phi)\ + \Delta\phi_i \qquad (3-5)$$

(2) 载波相位测量的观测方程

载波信号在大气中传播，受电离层和对流层的影响。对流层对载波信号和对码信号有同样的延迟作用，而电离层引起载波信号相位超前，引起码信号相位滞后。载波相位测量与伪距测量一样，受卫星钟差和接收机钟差的影响。由此，可以写出载波相位测量的观测方程：

$$\phi^j\lambda = \rho + C\ (\delta_{t_k} - \delta_t^{\ j})\ - \delta_{ion}^{\ j} + \delta_{trop}^{\ j} \qquad (3-6)$$

式中　ϕ^j——载波相位测量；

λ——载波波长。其他符号的意义同前面的式（3-2）。

可见，载波相位观测量是接收机和卫星位置的函数，在得到其函数关系后，即可求解接收机（或卫星）的位置。

（3）整周跳变与修复

GPS 信号接收机在跟踪卫星的过程中，如果卫星信号被障碍物遮挡而暂时中断，受无线电信号干扰造成失锁等因素的影响，计数器无法连续工作，因此，当信号被重新跟踪后，整周计数就不正确，但是不到一个整周的相位观测值仍是正确的，我们将此现象称为周跳。整周跳变的探测与修复方法主要有：屏幕扫描法、高次差或多项式拟合法、卫星间求差法、根据平差后的残差发现和修复整周跳变等。

（4）整周未知数 N_0 的确定

GPS 信号接收机在连续跟踪的所有载波相位测量值中均含有相同的整周未知数 N_0，正确确定 N_0 是获得高精度定位结果的必要条件。其常用确定方法有：伪距法、多普勒法、将整周未知数当作平差中的待定参数——经典方法和快速确定整周未知数法等。

3.2 载波相位观测量的线性组合

在两个观测站或多个观测站同步观测相同卫星的情况下，卫星的轨道误差、卫星钟差、接收机钟差以及电离层和对流层的折射误差等对观测量的影响具有一定的相关性，利用这些观测量的不同组合（求差）进行相对定位，可有效地消除或减弱相关误差的影响，从而提高定位精度。GPS 载波相位观测值可以在卫星间求差，也可在接收机间求差和不同历元间求差。各种求差方法都是观测值的线性组合。

将观测值直接相减的过程叫做求一次差。所获得的结果被当作虚拟观测值，叫做载波相位观测值的一次差或单差。常用的求一次差是在接收机间求一次差。设测站 1 和测站 2 分别在 t_i 和 t_{i+1}时刻对卫星 k 和卫星 j 进行了载波相位观测，如图 3－3，t_i 时刻在测站 1 和测站 2，对 k 卫星的载波相位观测值为$\phi_1^k(t_i)$和 $\phi_2^k(t_i)$，对 $\phi_1^k(t_i)$和 $\phi_2^k(t_i)$求差，得到接收机间（站间）对 k 卫星的一次差分观测值为：

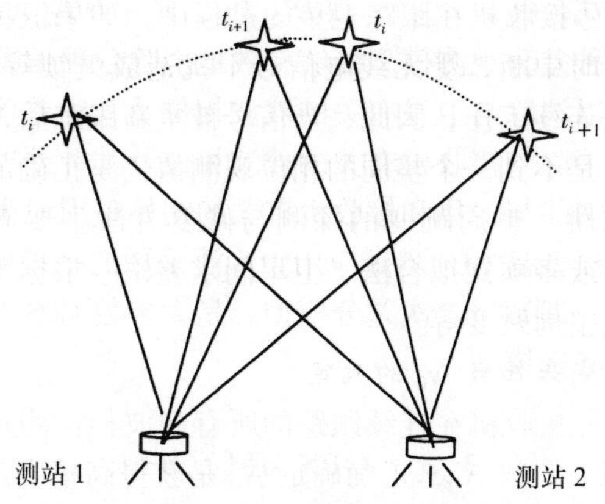

图 3－3　GPS 求差法

$$SD_{12}^{k}(t_i)=\phi_2^{k}(t_i)-\phi_1^{k}(t_i)$$

同样，对于 j 卫星，其 t_i 时刻站间一次差分观测值为：

$$SD_{12}^{j}(t_i)=\phi_2^{j}(t_i)-\phi_1^{j}(t_i)$$

对另一时刻 t_{i+1}，同样可以求出类似的差分观测值。

对载波相位观测值的一次差分观测值继续求差，所得的结果叫做载波相位观测值的二次差或双差。通常，将在接收机间求一次差后再在卫星间求二次差，称为星站二次差分。在图 3－3 中，t_i 时刻卫星 k、j 观测值的站间双差观测值为：

$$\begin{aligned}DD_{12}^{kj}(t_i)&=SD_{12}^{j}(t_i)-SD_{12}^{k}(t_i)\\&=\phi_2^{j}(t_i)-\phi_1^{j}(t_i)-\phi_2^{k}(t_i)+\phi_1^{k}(t_i)\end{aligned}\quad(3-7)$$

同样，对于时刻 t_{i+1}，可以求得 k、j 卫星的站间双差观测值。

如果对二次差继续求差称为三次差，所得结果叫做载波相位观测站值的三次差或三差。通常在接收机、卫星和历元之间求三次差。在图 3－3 中，将接收机 1、2 对卫星 k、j 的双差观测值 $DD_{12}^{kj}(t_i)$ 与 t_{i+1} 时刻接收机 1、2 对卫星 k、j 的双差观测值

$DD_{12}^{kj}(t_{i+1})$再求差，可得到三次差分观测值：

$$TD_{12}^{kj}(t_i,\ t_{i+1}) = DD_{12}^{kj}(t_{i+1}) - DD_{12}^{kj}(t_i)$$

上述各种差分观测模型能够有效地消除各种偏差项。在单差观测值中可以消除与卫星有关的载波相位及其钟差项；在双差观测值中可以消除与接收机有关的载波相位及其钟差项；在三差观测值中可以消除与卫星和接收机有关的初始整周模糊度项 N。因而差分观测模型是 GPS 测量应用中广泛采用的平差模型。尤其是双差观测值，即站星二次差分模型，是大多数 GPS 基线向量处理软件包中的必选模型。

3.3 GPS 定位方法

3.3.1 绝对定位与相对定位

GPS 绝对定位又叫单点定位，即利用 GPS 卫星和用户接收机之间的距离观测值直接确定用户接收机天线在 WGS－84 坐标系中相对于坐标系原点——地球质心的绝对位置。绝对定位又分为静态绝对定位和动态绝对定位。

(1) 静态绝对定位

在接收机天线处于静止状态的情况下，用以确定观测站绝对坐标的方法称为静态绝对定位。这时，由于可以连续地测定卫星至观测站之间的伪距，所以可获得充分的多余观测量，以便在测后通过数据处理提高定位精度。

1）伪距观测方程的线性化

在不同历元对不同卫星同步观测的伪距观测方程式（3－2）中，存在观测站坐标和接收机钟差 4 个未知数。若用 $(X_0\quad Y_0\quad Z_0)^{\mathrm{T}}$，$(\delta_x\quad \delta_y\quad \delta_z)^{\mathrm{T}}$ 分别表示观测站坐标的近似值和改正数，将式（3－2）展开成台劳级数，并令：

$$\begin{aligned}(\mathrm{d}\rho/\mathrm{d}x)_{x_0} &= (X_s^j - X_0)/\rho_0^j = l^j \\ (\mathrm{d}\rho/\mathrm{d}y)_{y_0} &= (Y_s^j - Y_0)/\rho_0^j = m^j \\ (\mathrm{d}\rho/\mathrm{d}z)_{z_0} &= (Z_s^j - Z_0)/\rho_0^j = n^j\end{aligned} \tag{3-8}$$

其中，$\rho_0^j = [(X_s^j - X_0)^2 + (Y_s^j - Y_0)^2 + (Z_s^j - Z_0)^2]^{1/2}$，在取至一次微小项的情况下，伪距观测方程的线性化形式为：

$$\rho_0^j - (l^j \quad m^j \quad n^j)\begin{bmatrix}\delta_x \\ \delta_y \\ \delta_z\end{bmatrix} - c\delta t_k = \rho'^j + \delta\rho_1^j + \delta\rho_2^j - c\delta t^j \qquad (3-9)$$

2）伪距法绝对定位的解算

对于任一观测历元 t_i，由观测站同步观测 4 颗卫星，则 $j = 1, 2, 3, 4$，令式（3-9）中的 $c\delta t_k = \delta_\rho$，则有：

$$\begin{bmatrix}\rho_0^1 \\ \rho_0^2 \\ \rho_0^3 \\ \rho_0^4\end{bmatrix} - \begin{bmatrix}l^1 & m^1 & n^1-1 \\ l^2 & m^2 & n^2-1 \\ l^3 & m^3 & n^3-1 \\ l^4 & m^4 & n^4-1\end{bmatrix}\begin{bmatrix}\delta_x \\ \delta_y \\ \delta_z \\ \delta_\rho\end{bmatrix} = \begin{bmatrix}\rho'^1 + \delta\rho_1^1 + \delta\rho_2^1 - c\delta t^1 \\ \rho'^2 + \delta\rho_1^2 + \delta\rho_2^2 - c\delta t^2 \\ \rho'^3 + \delta\rho_1^3 + \delta\rho_2^3 - c\delta t^3 \\ \rho'^4 + \delta\rho_1^4 + \delta\rho_2^4 - c\delta t^4\end{bmatrix} \qquad (3-10)$$

令

$$A_i = \begin{bmatrix}l^1 & m^1 & n^1-1 \\ l^2 & m^2 & n^2-1 \\ l^3 & m^3 & n^3-1 \\ l^4 & m^4 & n^4-1\end{bmatrix}, \quad \begin{aligned}&\delta = (\delta_x \quad \delta_y \quad \delta_z \quad \delta_\rho)^T, \\ &L^j = (\rho'^j + \delta\rho_1^j + \delta\rho_2^j + c\delta t^j - \rho_0^j)^T, \\ &L_i = (L^1 \quad L^2 \quad L^3 \quad L^4)^T\end{aligned}$$

则式（3-10）可简写为

$$A_i\delta X + L_i = 0 \qquad (3-11)$$

当同步观测的卫星数多于 4 颗时，应通过最小二乘平差求解，上式可写成误差方程组的形式：

$$V_i = A_i\delta X + L_i \qquad (3-12)$$

根据最小二乘平差求解未知数：

$$\delta X = (A_i^T A_i)^{-1}(A_i^T L_i) \qquad (3-13)$$

3）载波相位观测的静态绝对定位

应用载波相位观测值进行静态绝对定位，其精度高于伪距法静态绝对定位。在载波相位静态绝对定位中，应注意对观测值加入电离层、对流层等各项的修正，防止和修正整周跳变，以提高其定位精度。由于整周未知数解算后，不再为整数，可将其调整为整数，此时，解算出的观测站坐标称为固定解，否则称为实数解。载波相位静态绝对定位解算的结果可以为相对定位的参考站（基准站）提供较为精密的起始坐标。

4）绝对定位精度的评价

伪距绝对定位的权系数矩阵 Q_x 在空间直角坐标中的一般形式为：

$$Q_x = \begin{bmatrix} q_{11} & q_{12} & q_{13} & q_{14} \\ q_{21} & q_{22} & q_{23} & q_{24} \\ q_{31} & q_{32} & q_{33} & q_{34} \\ q_{41} & q_{42} & q_{43} & q_{44} \end{bmatrix} \tag{3-14}$$

根据方差与协方差传播定律可得

$$Q_B = RQ_xR^T$$

式中，

$$R = \begin{bmatrix} -\sin B\cos L & -\sin B\sin L & \cos B \\ -\sin L & \cos L & 0 \\ \cos B\cos L & \cos B\sin L & \sin B \end{bmatrix}, Q_x = \begin{bmatrix} q_{11} & q_{12} & q_{13} \\ q_{21} & q_{22} & q_{23} \\ q_{31} & q_{32} & q_{33} \end{bmatrix}$$

由权系数阵（3－14）式中的主对角线元素定义精度因子“DOP”，则相应精度可表示为：

$$M_X = \mathrm{DOP} \cdot \sigma_0$$

精度因子的表示有以下几种形式：

①平面位置精度因子 HDOP 及其相应的平面位置精度：

$$\mathrm{HDOP} = \sqrt{q_{11} + q_{22}}$$

$$M_H = \mathrm{HDOP} \cdot \sigma_0$$

②高程精度因子 VDOP 及其相应的高程精度：

$$\mathrm{VDOP} = \sqrt{q_{33}}$$

$$M_V = \mathrm{VDOP} \cdot \sigma_0$$

③空间位置精度因子 PDOP 及其相应的三维定位精度：

$$\mathrm{PDOP} = \sqrt{q_{11} + q_{22} + q_{33}}$$

$$M_{\mathrm{P}} = \mathrm{PDOP} \cdot \sigma_0$$

④接收机钟差精度因子 TDOP 及其钟差精度

$$\mathrm{TDOP} = \sqrt{q_{44}}$$

$$M_{\mathrm{T}} = \mathrm{TDOP} \cdot \sigma_0$$

⑤ 几何精度因子 GDOP 及其三维位置和时间误差综合影响的中误差:

$$\mathrm{GDOP} = \sqrt{q_{11} + q_{22} + q_{33} + q_{44}} = \sqrt{\mathrm{PDOP}^2 + \mathrm{TDOP}^2}$$

$$M_{\mathrm{G}} = \mathrm{GDOP} \cdot \sigma_0$$

精度因子的数值与所测卫星的几何分布图形有关。若设定由观测站与 4 颗观测卫星所构成的六面体体积为 V，则有：

$$\mathrm{GDOP} \propto 1/V$$

上式表明，精度因子 GDOP 与六面体的体积 V 的倒数成正比，也即是六面体的体积越大，所测卫星在空间的分部范围也越大，GDOP 值越小；反之，六面体的体积越小，所测卫星的分布范围越小，则 GDOP 值越大。在实际观测中，为了减少大气折射影响，卫星高度角不能过低，因此，在一定条件下，尽可能使所测卫星与观测站所构成的六面体体积接近最大。一般地，在高度角满足要求情况下，当 1 颗卫星处于天顶而其余 3 颗卫星约成 120°角时，所构成的六面体体积接近最大。

（2）静态相对定位

相对定位是用两台接收机分别安置在基线的两端，同步观测相同的 GPS 卫星，以确定基线端点在协议地球坐标系中的相对位置或基线向量。同样，多台接收机安置在若干条基线的端点，通过同步观测 GPS 卫星可以确定多条基线向量。在一个端点坐标已知的情况下，可以用基线向量推求另一待定点的坐标。

静态相对定位即是设置在基线端点的接收机固定不动通过重复观测取得充分的多余观测数据，以改善定位精度。静态相对定位一般均采用载波相位观测值为基本观测量。

3.3.2 差分 GPS 定位

差分 GPS 定位技术是将一台 GPS 接收机安置在基准站上进行观测，根据基准站已知精确坐标，计算出基准站到卫星的距离修正量，并利用基准站数据链将此修正信息实时地发送出去。用户接收机在进行 GPS 观测的同时，也接收到基准站的修正量，并对其定位结果进行修正，从而提高定位精度，如图 3－4 所示。

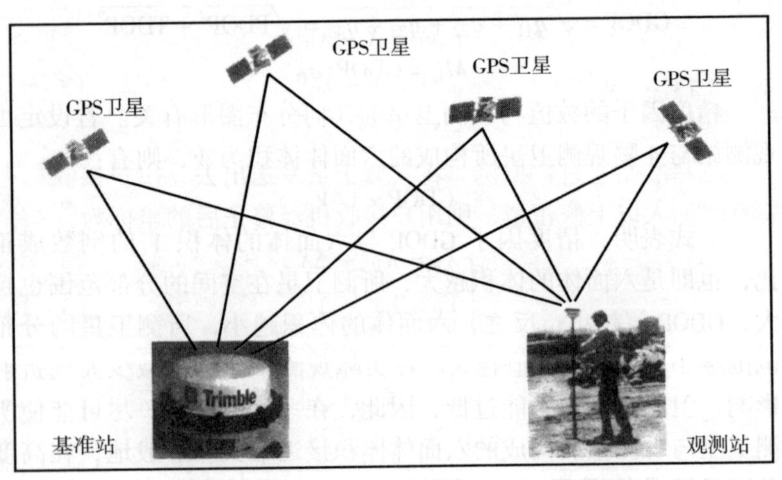

图 3－4 差分 GPS 定位

在 GPS 定位中，存在着三类误差：一是多台接收机公有的误差，它包括卫星钟误差、星历误差、电离层误差、对流层误差等；二是传播延迟误差；三是接收机误差，它包括内部噪声、通道延迟、多路径效应等。采用差分定位，可以完全消除第一类误差，并可将第二类误差中的大部分予以消除（与基准站至用户的距离有关）。

差分 GPS 可分为单基准站差分、多基准站局部区域差分和广域差分三种类型。

（1）单站 GPS 差分

单站差分按基准站发送的信息方式可分为位置差分、伪距差分和载波相位差分三种，其工作原理大致相同。

1）位置差分

设基准站的精密坐标已知为（X_0，Y_0，Z_0），在基准站上的 GPS 接收机测得的坐标为：X、Y、Z（包含轨道误差、时钟误差、SA 影响、大气影响、多路径效应及其他误差），即可按下式求出其坐标修正量：

$$\begin{cases} \Delta X = X - X_0 \\ \Delta Y = Y - Y_0 \\ \Delta Z = Z - Z_0 \end{cases} \tag{3-15}$$

在基准站通过数据链，将其修正量发送出去，用户接收机在解算时加入以上修正量，则用户接收机经修正后的坐标为：

$$\begin{cases} X_P = X_P{}' + \Delta X \\ Y_P = Y_P{}' + \Delta Y \\ Z_P = Z_P{}' + \Delta Z \end{cases} \tag{3-16}$$

式中　$X_P{}'$、$Y_P{}'$、$Z_P{}'$——用户接收机自身观测的结果。

当考虑到用户接收机位置修正值的瞬时变化，则有：

$$\begin{cases} X_P = X_P{}' + \Delta X + \mathrm{d}(\Delta X - X_P{}')/\mathrm{d}t\ (t - t_0) \\ Y_P = Y_P{}' + \Delta Y + \mathrm{d}(\Delta Y - Y_P{}')/\mathrm{d}t\ (t - t_0) \\ Z_P = Z_P{}' + \Delta Z + \mathrm{d}(\Delta Z - Z_P{}')/\mathrm{d}t\ (t - t_0) \end{cases} \tag{3-17}$$

式中　t_0——校正的有效时刻。

显然，通过上述修正后的用户坐标消除了基准站与用户站共同的误差。该方法具有计算简单，适用于各种型号的 GPS 接收机等优点；但由于基准站与用户必须观测同一组卫星，这就仅适宜于近距离（100km 以内）观测，否则，难以满足精度要求。

2）伪距差分

在基准站上观测所有的卫星，根据基准站已知坐标（X_0，Y_0，Z_0）和测得的各卫星的地心坐标（X^j，Y^j，Z^j），可计算出每颗卫星每一时刻到基准站的真正距离 R^j：

$$R^j=[(X^j-X_0)^2+(Y^j-Y_0)^2+(Z^j-Z_0)^2]^{1/2} \quad (3-18)$$

则修正后的伪距为：

$$\rho_p^j(t)=\rho^j(t)+\Delta\rho^j(t)+\mathrm{d}\rho^j(t-t_0) \quad (3-19)$$

式中 $\Delta\rho^j$——伪距 ρ_0^j 的修正量；

$\mathrm{d}\rho^j$——伪距修正量的变化率。

在考虑钟差和接收机噪声影响后，用户接收机可按下式计算坐标：

$$\rho_p^j=[(X^j-X_P)^2+(Y^j-Y_P)^2+(Z^j-Z_P)^2]^{1/2}+C\delta_t+V_1 \quad (3-20)$$

式中 δ_t——卫星钟差；

V_1——接收机噪声。

使用伪距差分测量，基准站提供所有卫星的修正量，用户接收机观测任意 4 颗卫星，即可完成定位工作。因提供的是 $\Delta\rho^j$ 和 $\mathrm{d}\rho^j$ 的修正量，可以满足 RTCMSC－104 标准（国际海事无线电委员会）。

3）载波相位差分

载波相位差分方法分为两类，一类是修正法，另一类是差分法。修正法是将基准站的载波相位修正值发送给用户，修正用户接收到的载波相位，再求解坐标。修正法属准载波相位差分技术。差分法即是将基准站采集的载波相位发送给用户进行求差解算坐标，差分法属于真正的 RTK（Real Time Kinematic）。将式（3－19）改写成载波相位观测量的形式，即可得出相应的方程式：

$$\begin{aligned}&R_0^j+\lambda(N_{p0}^j-N_0^j)+\lambda(N_p^j-N^j)+\phi_p^j-\phi_0^j\\&=[(X^j-X_P)^2+(Y^j-Y_P)^2+(Z^j-Z_P)^2]^{1/2}+\Delta\mathrm{d}\rho\end{aligned} \quad (3-21)$$

式中 N_{p0}^j——用户接收机起始相位模糊度；

N_0^j——基准点接收机起始相位模糊度；

N_p^j——用户接收机起始历元至观测历元相位整周数；

N^{j}——基准点接收机起始历元至观测历元相位整周数；

ϕ_{p}^{j}——用户接收机测量相位的小数部分；

ϕ_{0}^{j}——基准点接收机测量相位的小数部分；

$\Delta d\rho$——同一观测历元各项残差。

单站差分 GPS 系统结构和算法简单，其关键技术是高波特率数据传输的可靠性和抗干扰性，技术上较为成熟，目前应用十分广泛。

(2) *局域差分 GPS*

在局部区域中应用差分 GPS 技术，通常是在该区域布设一个差分 GPS 网，该网由若干个差分 GPS 基准站组成，包括一个或多个监控站。位于该局部区域中的用户根据多个基准站所提供的修正信息，经过平差后求得自己的修正量。

局部区域 GPS 差分技术系统由多个基准站，以及基准站与用户之间的无线电数据通信链等构成。局部区域差分 GPS 技术采用加权平均法或最小方差法对来自多个基准站的修正信息（坐标修正量或距离修正量）进行平差计算，以求得自己的坐标修正量或距离修正量。

第4章　建筑施工GPS定位的技术设计与实施

4.1　技术设计

最具有代表性的建筑工程是高层建筑，高层建筑的定义在不同的国家和地区有不同的理解，1972年召开的国际高层建筑会议确定为：

第一类　9~16层（最高到50m）；

第二类　17~25层（最高到75m）；

第三类　26~40层（最高到100m）；

第四类　40层以上（高度在100m以上，为超高层建筑）。

根据中华人民共和国行业标准《高层建筑混凝土结构技术规程》（JGJ3—2002）的规定，高层建筑是指10层以上，高度超过24m的建筑。随着我国经济的快速发展和人民生活水平的改善，商业用房和居民住宅的大量兴建，使得高层建筑如雨后春笋，在我国得以迅猛发展。全国的高层建筑总面积已达3亿m^2，其中建成或即将建成高度超过100m的超高层建筑达300余幢。目前，在全世界高度排名前10名的超高层建筑中，中国占3个。

4.1.1　建筑施工定位的特点及基本要求

（1）高层建筑施工定位的特点

高层建筑因其高度高，体型复杂且巨大，与一般工程相比，定位工作有下述特点：

1）由于建筑层数多、高度高，结构竖向偏差直接影响工程受力情况，故施工测量要求竖向投测精度高，所用仪器和测设方法要适应结构类型、施工工艺和场地情况。

2）由于建筑结构复杂（尤其是钢结构），设备和装修标准较高，以及高速电梯的安装等，要求定位精度至mm。

3）由于建筑平面、立面造型复杂多变，故要求定位放线能够因地、因时制宜，灵活实用，并需配备功能相适应的专用仪器和采取必要的安全措施。

4）由于工程量大，多为分期施工且工期长，为保证工程的整体性和各局部施工的精度要求，在开工前要测设足够精度的场地平面控制网和标高控制网。又由于多设有地下工程，施工现场布置变化大，故要求采取妥善措施，使主要控制网点在整个施工期间能准确、牢固地保留至工程竣工，并能移交给建设单位继续使用，这项工作是保证整个施工定位顺利进行的基础，也是施工定位中难度最大的工作。

5）由于采取立体交叉作业，施工项目多，为保证工序间的相互配合、衔接，施工定位工作要与设计、施工等各方面密切配合，并要事先充分做好准备工作，制定切实可行的与施工同步的定位放线方案。定位放线人员要严格遵守施工放线工作准则。

6）为了确保工程质量，防止因定位放线的差错造成损失，必须在整个施工的各个阶段和各主要部位做好验线工作，并要在审查定位放线方案和指导、检查定位放线工作等方面认真组织实施，改变事后验线的被动工作方式。

(2) 建筑施工定位放线工作的基本准则

1）遵守国家法令、政策和规范，明确为工程施工服务。

2）遵守先整体后局部，由高精度控制低精度的工作程序。即先测设场地整体的平面控制网和标高控制网，再以控制网为依据进行各种局部建筑物的定位、放线和标高测设。

3）选用科学、简捷和精度合理、相称的施测方法。合理选择、正确使用仪器，在定位精度满足工程需要的前提下，力争做到省工、省时和省费用。

4）严格审核原始依据（设计图纸、定位起始点位、数据等）的正确性，坚持定位作业与计算工作步步有校核。

5）建立一切定位、放线工作要经自检、互检合格后，方可申请主管部门验线的工作制度。严格执行安全、保密等有关规定，用好、管好设计图纸和有关资料。实测时要当场做好原始记录，测后要及时保护好桩位。

6）测量人员要紧密配合施工，发扬团结协作、实事求是、认真负责的工作作风，并及时总结建筑施工定位的经验。

(3) 建筑施工定位验线工作的基本准则

1）验线工作要有预见性。验线工作要从审核定位放线方案开始，在各主要阶段施工前，均能对定位放线工作提出预防性的要求，真正做到防患于未然。

2）验线的依据要原始、正确、有效。主要是设计图纸、变更洽商和起测点位（如红线桩、水准点）及其已知数据（如坐标、标高）应为原始资料，最后定案的应是正确、有效的资料。因为这些资料是定位放线的基本依据，若其中有错，则在定位验线中难以发现，后果将不堪设想。

3）验线应独立进行。即验线人员所用仪器和测设方法，要尽量与放线工作不同。验线使用的仪器，要按计量法有关规定进行检定。

4）验线的精度应符合规范要求，主要应包括：仪器的精度要适应验线要求的需要，并校正完好；要严格作业规程，观测误差必须小于限差，观测中的系统误差要采取措施进行修正；验线本身要先行附合（或闭合）校核。

5）验线的主要部位有：原始桩位与定位条件；主轴线与其控制桩（引桩）；原始水准点、引测标高和±0.000标高线；放线中精度最薄弱的部位，以考查放线的精度。

6）误差处理。即验线结果与原放线结果之间的误差处理。其方法为：若两者之差小于$1/\sqrt{2}$限差，可对放线工作评为优良；若两者之差略小于或等于$\sqrt{2}$倍限差，可对放线工作评为合格；若两者之差超过$\sqrt{2}$倍限差，原则上不予验收，尤其是要害部位，次要部位则可令其局部返工。

(4) 定位记录和计算工作的基本要求

1）定位记录工作的基本要求

①应在规定的表格上记录。开始应将表头所列各项填好，并熟悉表中所载各项内容和相应的填写位置。

②记录应当场及时填写清楚，不允许先写在草稿纸上后转抄誊清，以免转抄错误；记错或算错的数字，应将错误画一斜线，将正确数字写在错的数字上方，以保持记录的“原始性”。

③字迹要工整、清楚。相应的数字及小数点应左右成行，上下成列，一一对齐。记录中数字的位数应反映观测精度。

④记录过程中的简单计算，如取平均值等，应在现场及时进行，并做校核。草图、点志记图等应当场绘制，其方向、有关数据和地名等应标注清楚。

⑤记录人员应根据现场实况以目估法随时校核所测数据，以便及时发现观测中的明显错误；测量记录多为保密资料，应妥善保管。工作结束后，应及时上交有关部门保存。

2）计算工作的基本要求

①图纸上的数据和外业观测结果是计算工作的依据。计算前，应认真仔细逐项审阅与校核，以保证计算依据的正确性。

②计算一般均应在规定的表格上进行。按图纸或外业记录在计算表中填写原始数据时，严防转抄错误。填好后，应换他人校对。

③计算中，必须做到步步有校核。每项计算应在前者数据经校核无误后，才能进行后者数据的计算。校核方法通常有复算校核、变换计算方法校核、总和校核及几何条件校核等。

④计算中所用数字应与观测精度相适应，在不影响结果精度的情况下，要及时合理地删除多余数字，以提高计算速度。删除多余数字时，宜保留到有效数字后一位，以使最后结果中的有效数字不受删除数字的影响。

4.1.2 建筑施工 GPS 定位前的准备工作

(1) 了解设计意图、熟悉和校核图纸

1) 了解工程总体布局、定位与标高情况

通过对总平面图和设计说明的熟悉以及设计交底，了解工程总体布局、工程特点和设计意图。首先应了解工程所在地区的红线桩位置及坐标、周围环境、与原有建筑物的关系、现场地形及拆迁情况（尤其是地下建筑物和地下管线等）；其次应了解建筑物的总体布局、朝向、定位依据、定位条件及建筑物主要轴线的间距及夹角；再其次应了解水准点位置及标高、建筑物首层室内地坪±0.000的绝对标高（尤其是有几种不同标高的±0.000时）、整个场地的竖向布置（标高、坡度等）、绿化及道路、地上地下管线的安排等。通常，应特别注意工程总体布局和拆迁、建筑物的平面定位、建筑物的标高定位等问题。

2) 熟悉与校核图纸

在掌握总图后要进一步熟悉建筑施工图，以便对建筑物的平、立、剖面的形状，尺寸，构造有全面的了解。这是整个工程施工放线的依据，在此过程中，要特别注意轴线尺寸及各层标高与总图中有关部分的对应关系，从结构施工图中要着重掌握轴线尺寸、层高、结构尺寸（如墙厚、柱截面、梁截面和跨度、楼板厚等)。熟悉图纸时要以轴线图为准，对比基础、非标准层及标准层之间的轴线关系；还要注意对照建筑图，查看两者相关联部位的轴线、尺寸、标高是否对应。熟悉设备图要结合土建图进行，尤其要注意设备安装对结构工程精度的要求，如预留件、预留孔洞等。在熟悉图纸时，要对图纸上的全部尺寸进行核对，着重核算总平面图和各单幢建筑的四周边界轴线尺寸是否交圈。

3) 了解设计对定位放线精度的要求

通过熟悉和校核图纸，在了解建筑物的总体和各部分情况的基础上，要进一步明确设计对施工定位精度的一般要求以及一些特殊要求（如电梯安装对结构竖向精度的要求，铝合金门窗对柱间距的要求等)，以便使定位放线工作更好地符合设计要求。

(2) 了解施工部署，制定定位放线方案

1) 了解施工部署

一般应从施工流水段的划分、开工次序、进度安排和施工现场暂设工程布置等方面了解。

①暂设工程的布置，直接关系到整个场地测量平面和标高控制网的布设及点位的长期保留。因此，在现场施工总平面图布置时，要与各方协调一致，选好点位，防止事后互相干扰，以保证控制网中主要点位能长期、稳定的保留。

②根据施工流水段的划分与工程进度安排，明确测量放线的先后次序、时间要求以及定位放线人员的安排。

2) 制定定位放线方案

根据设计要求和施工部署，制定切实可行的定位放线方案。它是保证定位放线工作顺利进行的重要措施。定位放线方案应包括以下主要内容：

①工程概况。包括场地面积与工程位置；建筑面积、层数与高度；平面与立面的特点；结构类型与施工方案要点等。

②对定位放线的基本要求。包括场地与规划红线的关系、定位条件及工程对定位精度与进度的要求。

③场地测量准备工作。根据设计总平面与施工现场布置总平面，确定拆迁次序与范围，测定应保留的地下管线、地上建（构）筑物与名贵树木的树冠及根系范围。场地平整与暂设工程定位放线。

④起始依据的校测。若起始依据是规划红线与水准点，则应校算与校测。若起始依据为原有建（构）筑物，则应与建设单位、设计单位共同到现场进行具体位置的确认，以防发生差错。

⑤场地控制网的测设。根据场地情况、设计与施工的要求，按照便于控制全面又能长期保留的原则，测设场地平面控制网与标高控制网。

⑥建筑物定位和基础工程定位放线。包括建筑物的定位放线与主要轴线的控制；护坡桩、桩基的定位与监测；基础开挖与

±0.000以下各层的施工放线、抄平等工作。

⑦±0.000以上的定位放线。包括首层、非标准层与其上的各标准层的定位放线、竖向控制与标高传递等。

⑧特殊工程项目的测量工作。如钢结构、玻璃幕墙、高速电梯、旋转餐厅等的安装测量以及高耸构筑物（如水塔、烟囱等）的施工测量。

⑨竣工测量与变形观测的要求与测法。

⑩验线工作。要明确各分项工程在测量放线后，应由哪一级验线和验线的内容，应明确责任，保证精度，防止错误。

⑪编制定位放线工作进度计划、仪器器材和记录表册需要量计划，并对操作人员的配备进行安排。定位放线方案是施工组织设计中的一部分，经批准后，即应按方案实施。

(3) 仪器的选择、检验及维护

1) 仪器选择

GPS接收机是完成建筑定位控制工作的关键设备，其性能要求和所需的接收机数量与定位的精度有关，工作中可根据情况按表4-1的要求选择。

GPS接收机选择 **表4-1**

项目	城市或工程的等级				
	二	三	四	一级	二级
接收机类型	双频或单频				
标称精度	≤10mm+2ppm·D	≤10mm+5ppm·D	≤10mm+5ppm·D	≤10mm+5ppm·D	≤10mm+5ppm·D
观测量	载波相位	载波相位	载波相位	载波相位	载波相位
同步观测接收机数	≥3	≥3	≥2	≥2	≥2

2) 仪器检验

观测中使用的所有接收设备，都必须对其性能与可靠性进行检验，合格后方能参加作业。尤其对于新购置的设备，应按规定进行全面的检验。接收机全面检验的内容，包括一般性检视、通电检验和试测检验。

①一般性检视。主要检查接收设备的各部件及其附件是否齐全、完好，紧固部件有否松动与脱落，设备的使用手册及资料是否齐全。另外，天线底座的圆水准器和光学对中器，也都要在每年使用前进行检验和校正。对于作业中所使用的气象测量仪表(通风干湿表、气压表、温度计)，也要定期送气象部门检验，以保证其正常工作。

②通电检验。检验的主要项目包括：设备通电后的有关信号灯、按键、显示系统和仪表的工作情况，以及自测试系统的工作情况。当自测试正常后，按操作步骤进行卫星捕获与跟踪，以检验其工作情况。

③试测检验。试测检验应在不同长度的标准基线上或专设的GPS测量检验场上进行。标准基线的相对精度应不低于被检验接收设备的标称精度。试测检验是接收设备检验的主要内容，其检验方法有：标准基线检验；坐标、边长检验；零基线检验；相位中心偏移量检验等。凡是用于精密定位的接收设备，都应按作业时间的长短至少在每年出测前进行一次。

a. 接收机内部躁声水平的检验。用零基线检验采用“GPS功率分配器”（简称功分器），将同一天线输出信号分成功率、相位相同的两路或多路信号送到接收机，然后将观测数据进行双差处理求得坐标增量，以检验固有误差。由于该方法所测得的坐标增量可以消除卫星几何图形的影响、天线相位中心偏移、大气传播时间误差、信号多路径效应误差及仪器对中误差等，所以是检验接收机钟差、信号通道时延、延迟锁相环误差及机内躁声等电性能所引起的定位误差的一种有效方法。

零基线测试方法如下：选择周围高度角10°以上无障碍物的地方安放天线，按图4-1连接天线、功分器和接收机；连接电源，两台接收机同步接收4颗以上卫星1~1.5h；交换功分器与接收机接口，再观测一个时段；用随机软件计算基线坐标增量和基线长度。基线误差应小于1mm。否则应送厂检修或降低级别使用。

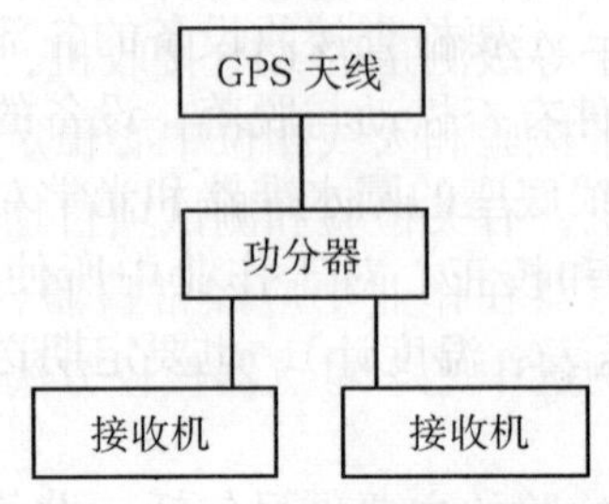

图 4-1　天线功分器接收机连接

b. 天线相位中心稳定性检验。天线相位中心稳定性检验可以在标准基线、比较基线场或 GPS 检测场上进行。检测时先将 GPS 接收机带天线两两配对，置于基线两端，天线要精确对中，定向指标线指向正北，观测一个时段，然后交换接收机与天线，再观测另一个时段。同时，在与该基线垂直的基线上（不具备此条件，可将一个接收机天线固定指北，其他接收机天线绕轴顺时针转动 90°、180°、270°）进行同样观测。观测结束后，用随机软件解算各时段三维坐标，并计算各时段坐标差和基线长，其误差不应超过仪器标称精度的 2 倍固定误差。否则，应送厂返修或降低级别使用。

c. GPS 接收机不同测程精度指标的测试。GPS 接收机不同测程精度指标的测试应在标准检定场进行。检定场应含有短边和中长边。基线精度应达到 1×10^{-5}。检验时天线应严格整平对中，对中误差小于 ±1mm，天线指向正北，天线高量至 1mm。测试结果与基线长度比较，应优于仪器标称精度。

d. GPS 接收机的高低温实验。建筑施工操作面上温度往往非常高，特别是在裸露的混凝土楼面上温度经常可达 60℃；而在冬季的北方地区施工温度又较低。因此需要对 GPS 接收进行高、低温测试。即将天线架设在室外，GPS 接收机主机放在高低温箱中进行测试；或在建筑工程作业层进行实地测试。

对于双频 GPS 接收机应通过野外测试，检查执行 SA 技术时的定位精度；用于等级测量的 GPS 接收机，每年使用前应进行接收机内部躁声水平检验和天线相位中心稳定性检验。经过检修或更换插板的接受机，有关检验和测试项目均应重新进行。用于天线基座的光学对点器在作业中应经常检验，确保对中的准确性，其检校参照控制测量中光学对点器核校方法。

3）仪器维护

GPS 接收机属贵重的精密电子仪器，为了确保设备的安全和正常工作，用户必须制定严格的使用、运输与保管办法，并认真加以维护。

①在外业期间，GPS 接收机应制定专人保管，运输时应专人押运。并应采取防震、防潮、防晒和防尘等措施。带有软盘驱动器的微机在运输中应插入保护片或废磁盘。

②接收机的接头和联接器应保持清洁，连接外电源时，应检查电压是否正确（符合仪器电源要求），电池正负极严禁接反。天线电缆不应有扭转，不得在硬度大的表面或粗糙面上拖拽。每半年应检查一次天线电缆的性能。

③接收机不使用时，应存放在有软垫的仪器箱内，仪器箱应放置在通风良好的阴凉处，以防潮及防霉。当防潮剂呈显粉红色时，应及时更换。

④接收机在室内存放期间，应每隔 1~2 个月通电检查一次，电池应在充满电的状态下保存。每隔 1~2 个月应充电一次，并应检查电池电容量。严禁任意拆卸接收机的各部件，如发生故障，应做记录并交专业人员维修或更换部件。

4.1.3 建筑施工 GPS 定位的技术设计

建筑施工 GPS 定位的技术设计是进行建筑施工 GPS 测量的最基本工作，它是依据国家有关规范（规程）、GPS 定位特点、用户要求等对建筑施工测量工作的方案、精度及基准等的具体设计。

(1) 建筑施工 GPS 测量技术设计的依据

目前，建筑施工 GPS 测量技术设计的主要依据，可参照有关的 GPS 测量规范（规程）以及测量任务书的要求进行。

1）GPS 测量规范（规程）

GPS 测量规范（规程）是国家测绘管理部门或行业部门制定的技术法规，目前 GPS 测量设计依据的规范（规程）主要有：由国家测绘局提出，于 2001 年由国家技术监督局发布的国家标准《全球定位系统（GPS）测量规范》（GB/T 18314—2001）；1997 年建设部发布的行业标准《全球定位系统城市测量技术规范》（CJJ73—97）。

2）测量任务书

测量任务书或测量技术合同是测量施工单位的上级主管部门或业主下达的技术要求文件。该文件是指令性的，它规定了测量任务的范围、目的、精度和密度要求，提交成果资料的项目和时间，完成任务的经济指标等。

在 GPS 测量方案设计时，一般首先依据测量任务书提出 GPS 测量的精度、密度和经济指标，再结合规范（规程）规定并现场踏勘，具体确定各点间的连接方法，各点设站观测的次数、时间长短等观测方案。

(2) 定位精度设计

GPS 测量精度设计主要取决于测量的用途。在城市或工程 GPS 测量中，一般按相邻两点的平均距离和精度划分为二、三、四等和一、二级（表 4-2）。精度标准是 GPS 测量技术设计的一个重要指标，其大小将直接影响到 GPS 测量的布设方案、观测计划以及观测数据的处理方法。在实际工作中，精度标准的确定要根据用户的实际需要及人力、物力、财力情况合理设计，也可参照本部门已有的生产规程和作业经验适当掌握。在具体布设时，既可以分级布设，也可以越级布设，或同级布设。各等级 GPS 相邻点间弦长精度可用下式表示：

$$\sigma=\sqrt{a^2+(bd)^2} \quad (4-1)$$

式中 σ——GPS 基线向量的弦长中误差（mm），亦即等效距离误差；

a——GPS 接收机标称精度中的固定误差（mm）；

b——GPS 接收机标称精度中的比例误差系数（ppm·D）；

d——GPS 测量时相邻点间的距离（km）。

GPS 定位的主要技术指标 **表 4-2**

等级	平均距离(km)	a(mm)	b(ppm·D)	最弱边相对中误差
二	9	≤10	≤2	1/120000
三	5	≤10	≤5	1/80000
四	2	≤10	≤10	1/45000
一级	1	≤10	≤10	1/20000
二级	<1	≤15	≤20	1/10000

注：当边长小于 200m 时，边长中误差应小于 20mm。

（3）GPS 网的构成及特征

1）GPS 网图形构成的基本概念

①观测时段：测站上开始接收卫星信号到停止接收，连续工作的时间间隔称为观测时段，简称时段。

②同步观测：2 台或 2 台以上接收机同时对同一组卫星进行的观测。

③同步观测环：3 台或 3 台以上接收机同步观测所获得的基线向量构成的闭合环。

④独立观测环：由非同步观测获得的基线向量构成的闭合环。

⑤异步观测环：在构成多边形环路的所有基线向量中，只要有非同步观测基线向量，则该多边形环路构成异步观测环。

⑥独立基线：对于 N 台 GPS 接收机构成的同步观测环，有 J 条同步观测基线，其中独立基线数为 $N-1$。

⑦非独立基线：除独立基线外的其他基线叫做非独立基线，

总基线数与独立基线数之差即为非独立基线数。

2）GPS 网特征条件的计算

如果假设每点设站次数为 m，则观测时段数计算式为：

$$C = n \cdot m / N \tag{4-2}$$

式中 n——待测点数；

N——接收机数。

由此可得

$$总基线数：J_{总} = C \cdot N \cdot (N-1)/2 \tag{4-3}$$

$$必要基线数：J_{必} = n - 1 \tag{4-4}$$

$$独立基线数：J_{独} = C \cdot (N-1) \tag{4-5}$$

$$多余基线数：J_{多} = C \cdot (N-1) - (n-1) \tag{4-6}$$

3）建筑施工 GPS 测量同步图形构成及独立边设计

根据式（4-3），对于由 N 台 GPS 接收机构成的同步图形中一个时段包含的 GPS 基线（或简称 GPS 边）数为：

$$J = N(N-1)/2 \tag{4-7}$$

但其中仅有 $N-1$ 条独立 GPS 边，其余的为非独立 GPS 边。图 4-2 给出了当接收机数 $N=2\sim5$ 时所构成的同步图形。

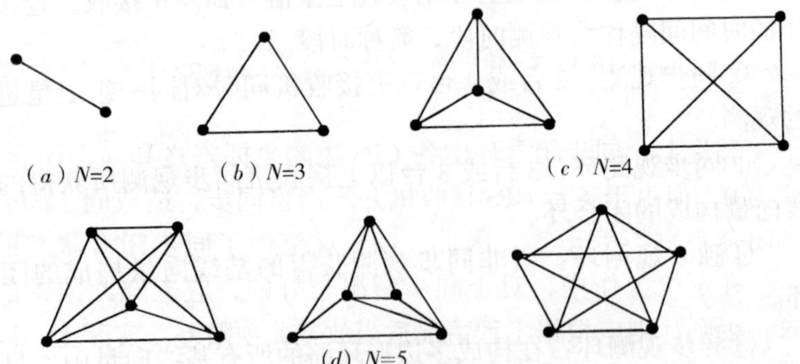

图 4-2 N 台 GPS 接收机同步观测所构成的同步图形

当同步观测的 GPS 接收机数 $N \geqslant 3$ 时，同步闭合环的最少个数应为：

$$T = J - (N-1) = (N-1)(N-2)/2 \qquad (4-8)$$

接收机数 N 与 GPS 边数 J 和同步闭合环 T（最少个数）的对应关系见表 4－3。

N、J、T 之间的关系 **表 4－3**

N	2	3	4	5	6
J	1	3	6	10	15
T	0	1	3	6	10

对应于图 4－2 的独立 GPS 边可以有不同的设计选择(图 4－3)。

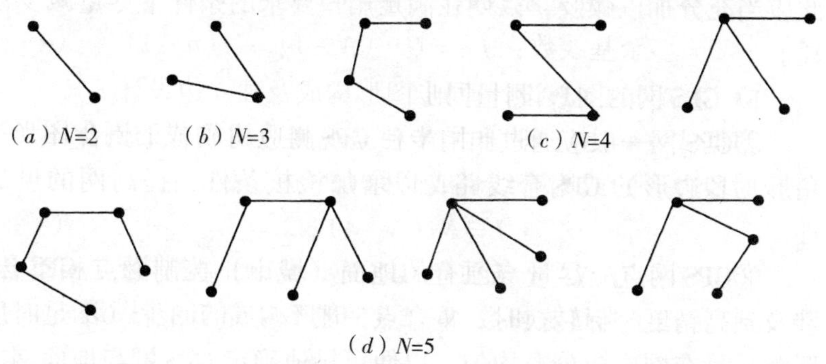

图 4－3 建筑施工 GPS 定位独立边的设计

理论上，同步闭合环中各 GPS 边的坐标差之和（即闭合差）应为 0，但由于各台 GPS 接收机并不严格同步，造成同步闭合环的闭合差也不等于零。因此，GPS 规范做了同步闭合限差的规定。在定位工作中，对于同步情况较好的，应遵守此限差的要求；否则，则应根据工程情况适当放宽此项限差。实际上，同步环闭合限差较小，通常只能说明 GPS 基线向量的计算合格，并不能说明 GPS 边的观测精度高，也不能发现接收的信号受到干扰而产生的某些粗差。为了确保 GPS 观测效果的可靠性，有效地发现观测成果中的粗差，必须使 GPS 独立边构成一定的几何图形。此几何图形，可以是由数条 GPS 独立边构成的非同步多边形（即非同步闭合环），如三边形、四边形、五边形……。当 GPS 网中有若干个起算点时，也可以由 2 个起算点之间的多条 GPS 独立边构成附合线路。对于异步环的构成，应按设计的网图选定，必要时经审定后，也可根据工程情况加以适当调整。当接收机多于 3 台时，也可按软件功能自动挑选独立基线构成环路。

(4) 建筑施工 GPS 网的图形设计

GPS 网的图形设计虽然主要决定于用户的要求，但同时应顾及经费、时间和人力的消耗以及接收设备的类型、数量和后勤保障条件等。特别是对于高层建筑测设，工作量往往十分巨大，对此应当充分加以顾及，以期在满足用户要求的条件下尽量减少消耗。

1) GPS 网的图形设计原则

①GPS 网一般应通过非同步独立观测边构成若干闭合环（三角形、多边形）或附合线路，以增加检核条件，提高网的可靠性。

②GPS 网点应尽量与原有的地面（城市）控制网点相重合。涉及到高精度坐标转换时，重合点一般不应少于 3 个（不足时应联测）且在网中应分布均匀，以便可靠地确定 GPS 网与地面网之间的转换参数。

③GPS 网点应考虑与水准点相重合，而非重合点一般应根据要求以水准测量方法（或相当精度的方法）进行联测，或在网中布设一定密度的水准联测点，以便为大地水准面的研究提供资料。

④为了便于观测和水准联测，GPS 网点一般应设在视野开阔和容易达到的地方。高层建筑一般均位于城市闹市区，建筑物密集，且市政设施众多，因此，布置网点时要特别注意。

⑤为了便于用经典方法联测或扩展，可在网点附近布设一通视良好的方位点，以建立联测方向。方位点与观测站的距离，一般应大于 300m。

⑥为了顾及原有城市测绘成果资料以及各种大比例尺地形图的沿用，应采用原有城市坐标系统，对凡符合 GPS 网点要求的旧点，应充分利用其标石。

2）GPS 网的图形形式

通常，GPS 网的独立观测边均应构成一定的几何图形。其图形形式主要有三角形网、环形网和星形网三种（图 4-4）。

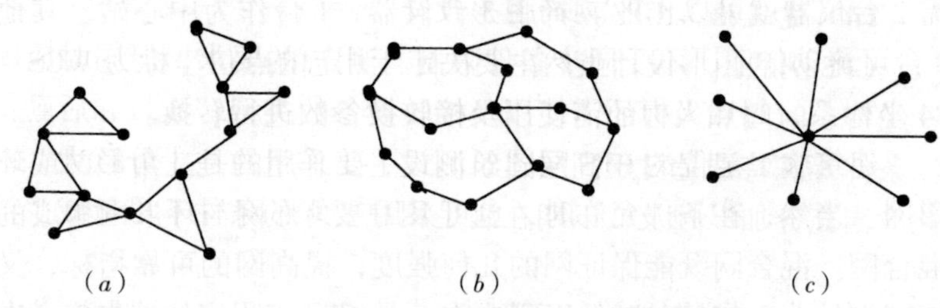

图 4-4 GPS 网的图形形式

（a）三角形网；（b）环形网；（c）星形网

①三角形网

GPS 三角形网中的三角形边由非同步的独立观测边组成（图 4-4a）。此图形的几何结构强，具有良好的自检能力，能够有效的发现观测成果的粗差，以保证网的可靠性。同时，经平差后网中相邻点间基线向量的精度分布均匀。三角形网的主要缺点是观测工作量较大，尤其是当接收机的数量较少时，将使观测工作的总时间大大延长。因此，当网的可靠性和精度要求较高时，可采用这种图形。

②环形网

环形网由若干含有多条独立观测边的闭合环所组成（图 4-4b）。环形网与经典大地测量中的导线网相似，其图形的结构强度比三角形差。环形网的优点是观测工作量较小，且具有较好的自检性和可靠性，其缺点是非直接观测的基线边（或间接边）精度较直接观测边低，相邻点间的基线精度分布不均匀。附合线路作为环形网的特例，其使用条件是，附合线路两端点间的已知向量，必须具有较高的精度，同时，附合线路所包含的基线边数也不能超过一定的限制。

③星形网

星形网的几何图形简单（图 4－4*c*），其直接观测边之间不构成任何闭合图形，所以检验和发现粗差的能力差。但这种网只需 2 台仪器就可以作业。若用 3 台仪器，1 台作为中心站，其他 2 台可流动作业，不受同步条件限制。测定的点位坐标为 WGS－84 坐标系，每点坐标还需使用坐标转换参数进行转换。

建筑施工定位的 GPS 网图形形式主要采用的是三角形网或环形网。当然，在条件允许时，也可采用三角形网与环形网构成的混合网。混合网既能保证网的几何强度，提高网的可靠指标，又能减少外业工作量，减低工程成本，是 GPS 工程定位首先应考虑的图形形式。图 4－5 是在三角形网（图 4－4*a*）基础上加测四个时段，把三角形网和环形网结合起来，即可得到几何强度改善的布网设计方案。图 4－5 所示三台接收机的观测方案共 10 个同步三角形，2 个异步环，6 条复测基线边，总基线数为 29 条，独立基线数为 20 条，多余基线数为 8 条，必要基线数为 12 条。由图显示，该图线呈封闭状，可靠指标大为提高，外业工作量也比环形网有一定减少。

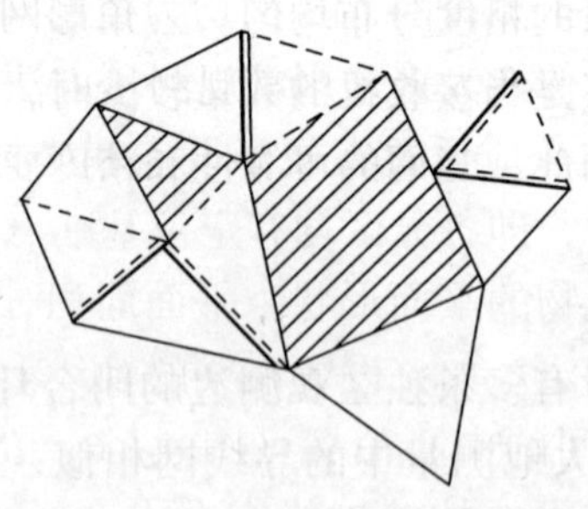

图 4－5　三角形网与环形网混合连接图形

（5）GPS 网的基准设计

GPS 定位获得的是 GPS 基线向量，它属于 WGS－84 坐标系的三维坐标差，而建筑施工需要的是国家坐标系或地方独立坐标系，所以在 GPS 网的技术设计时，必须明确 GPS 成果所采用的坐标系统和起算数据，即明确 GPS 网所采用的基准。GPS 网的基准包括位置基准、方位基准和尺度基准。方位基准一般以给定的起算方位角值确定，也可以由 GPS 基线向量的方位作为方位基准。尺度基准一般由地面的电磁波测距边确定，也可以由两个以上的起算点间的距离确定，同时也可由 GPS 基线向量的距离确定。GPS 网的位置基准，一般都由给定的起算点坐标确定。因此，GPS 网的基准设计，实质上主要是指确定网的位置基准问题。

高层建筑 GPS 网的基准设计应注意以下几个方面：

1）高层建筑 GPS 测量位置基准的建立方法及应用。在 GPS 首次施测时，要建立大地坐标系（WGS－84 坐标系）与建筑工程施工坐标系之间的转换关系，供各次施测层面（建筑物楼层面）的定位基准传递使用。高层建筑的建筑施工坐标系往往是参照地方坐标系，利用若干点的红线坐标，并考虑建筑物本身相对位置的正确性而建立起来的。为方便放样，定位的基准点应设置在建筑物内，并与设置在建筑施工场区内外相对稳定的临时基准点共同构成高层建筑 GPS 测量的控制网。

由于在高层建筑施工测设的 GPS 网均为控制网，其楼层上结构或构件的轴线及坐标传递大多采用常规测量方法，因此，在建筑物内的 GPS 定位基准点应设置在便于设点和坐标传递的位置，并尽可能覆盖整个楼面，即各分区均有定位基准点分布，定位基准点的数量可根据建筑物的平面形状、平面面积、GPS 接收机数量、定位模式等综合确定。如：设置在梁的轴线上（图 4－6，*A* 点）；设置在楼面上房间的中心位置（图 4－6，*B* 点）；当有足够安放仪器的位置，也可在柱的轴线交会点（图 4－6，*C* 点）；也可利用建筑原有常规测量基准点位，作为 GPS 定位基准点位（图 4－6，*D* 点）。由于建筑工程具有范围小、建设周期较短、定位的相对精度要求较高等特点，场区外的临时基准点应具有相对稳定性，通常设置在受干扰较小，有良好的天空通视状况，便于设点、保护和使用的地点。如在大多数情况下，将临时基准点设置在已成建筑物的屋面上，往往是首选方案。

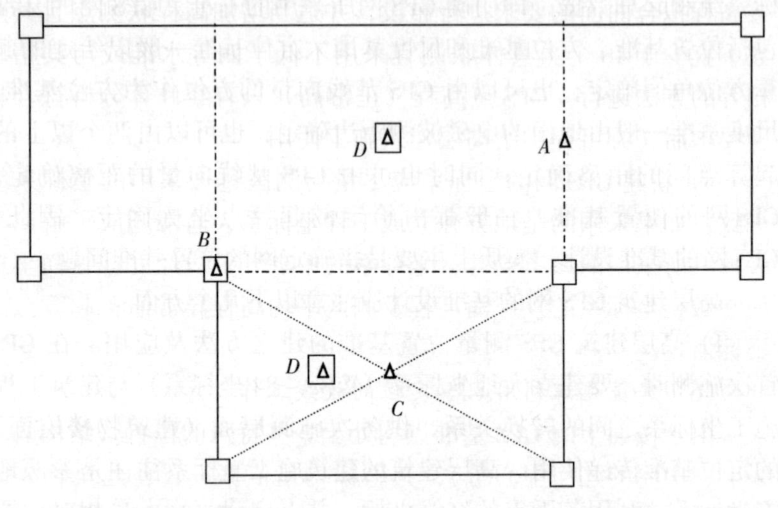

图 4-6　GPS 定位基准点在楼面上的布置示意图

2）为求定 GPS 点在地面坐标系的坐标，应在地面坐标系中选定起算数据和联测原有地方控制点若干个，用以坐标转换。在选择联测点时既要考虑充分利用旧资料，又要使新建的高精度 GPS 网不受旧资料精度较低的影响。因此，高层建筑施工定位控制可以联测 2～3 个点。GPS 网与地面网的联测，可根据测区地形变化和地面控制点的分布而定。一般在 GPS 网中至少要重合观测 3 个以上的地面控制点（尽量选择水准高程）作为约束点。

3）为了保证 GPS 网进行约束平差后坐标的均匀性以及减少尺度比误差影响，对 GPS 网内重合的高等级国家点或原城市等级控制网点，除未知点连接图形观测外，对它们也要适当构成长边图形。

4）GPS 网经平差计算后，可以得到 GPS 点在地面参照坐标系中的大地高。为求得 GPS 点的正常高，可据具体情况进行水准测量的高程联测。对于平原地区，高程联测点不宜少于 5 个点，且联测的高程点需均匀分布于网中；对丘陵或山区联测高程点应按高程拟合曲面的要求进行布设，并适当增加高程联测点且其点数不宜少于 10 个。具体联测宜采用不低于四等水准或与其精度相等的方法进行。GPS 点高程（正常高）只有经计算分析符合精度要求后，方可提供给高层建筑施工使用。

5）新建 GPS 网的坐标系应尽量与测区过去采用的坐标系统一致，如果采用的是地方独立或工程坐标系，通常还应了解以下参数：所采用的参考椭球；坐标系的中央子午线经度；纵横坐标加常数；坐标系的投影面高程及测区平均高程异常值；起算点的坐标值。

(6) 建筑施工利用 GPS 定位的放线工作

由于楼面上的 GPS 基准点均处于一些特殊的位置（结构的轴线上、房屋的几何中心等)，其坐标均是依据设置在建筑物外一些临时基点通过接收 GPS 信号经专用软件解算而得到，因此，存在误差积累，且测定精度高。利用这些成果，采用常规的测量方法便能完成操作层上放线工作。

4.2 组织与实施

4.2.1 外业准备

在进行建筑施工 GPS 定位外业工作之前，必须做好施测前的建筑物周边情况及资料收集、器材筹备及人员准备、观测计划拟定、GPS 仪器检校及技术设计书编写等工作。

(1) 建筑物周边情况了解及资料收集

1）建筑物周边情况了解

建筑物周边情况了解主要指对测区的踏勘，即在接收下达任务或签约建筑施工 GPS 定位测量合同后，依据施工设计图纸踏勘、调查工区，以便为编写技术设计、施工设计、成本预算等提供依据。主要应了解下列情况：

①交通情况：公路、铁路及城市道路分布及通行情况；

②水系分布情况：江河、桥梁、码头等的分布及水路交通情况；

③植被情况：建筑工地周边城市绿地情况；

④控制点分布情况：三角点、水准点、GPS 点、导线点的等级、坐标、高程系统，点位数量及分布，点位标志的保存状况等；

⑤建筑工地周边的已有建筑物（构筑物）的分布情况及 GPS 施测的净空情况。

2）资料收集

根据对建筑物周边情况的了解，主要应收集下述资料：

①各类图件：建筑施工图纸，大比例尺地形图，大地水准面起伏图，交通图；

②各类控制点成果：三角点、水准点、GPS 点、导线点及各控制点坐标系统、技术总结等有关资料；

③建筑物所在地的地质、气象、交通、通讯等方面的资料；

④建筑施工单位情况：包括施工单位的技术资质，管理体制，人员素质及可以为 GPS 定位提供协助的情况。

（2）GPS 定位测量设备及人员的准备

①筹备仪器、计算机及其配套设备；

②筹备机动设备及通讯设备；

③筹备施工器材，计划油料、材料的消耗；

④组建 GPS 定位测量施工队伍，拟定施工人员名单及岗位；

⑤进行详细的定位测量工程预算。

（3）GPS 定位外业观测计划的拟定

GPS 定位观测工作是主要的外业工作。在工作开始前，外业观测计划的拟定对于顺利完成数据采集任务，保证测量精度，提高工作效益等极为重要。

1）拟定观测计划的依据

①GPS 定位测量的规模、大小；

②点位精度要求；

③GPS 卫星星座几何图形强度；

④参加作业的接收机数量；

⑤交通、通讯及后勤保障（食宿、供电等）。

2）观测计划的主要内容

①编制 GPS 卫星的可见性预报图：在高度角 > 15°的限制下，输入建筑施工测区中心某一测站的概略坐标，输入日期和时间，应使用不超过 20d 的星历文件，即可编制 GPS 卫星的可见性预报图。

②选择卫星的几何强度：在 GPS 定位中，所测卫星与观测站所组成的几何图形，其强度因子可用空间位置几何精度因子（PDOP）来代表，无论是绝对定位还是相对定位，PDOP 值不应大于 6。

③选择最佳观测时段：在建筑施工区进行 GPS 观测时，卫星≥4 颗且分布均匀，PDOP 值小于 6 的时段是最佳时段。为了选择最佳时段，可绘出与上述卫星可见性图相应的可见卫星数分布图。

④观测区域的设计与划分：当建筑物平面面积较大，GPS 网的点数较多，网的规模较大，而参加观测的接收机数量有限，交通和通讯不便时，可实行分区观测。为了增强网的整体性，提高网的精度，相邻分区应设置公共观测点，且公共点数量不得少于 3 个。

⑤编排作业调度表：作业组在观测前应根据测区的地形、交通状况、网的大小、精度的高低、仪器的数量、GPS 网的设计、卫星预报表和测区的天时、地理环境等编制作业调度表，以提高工作效益。作业调度表包括观测时段、测站号、测站名称及接收机号等。见表 4-4。

⑥当作业仪器台数、观测时段数及点数较多时，宜在每天出

测定前采用表 4-5 的 GPS 定位外业观测通知单进行调度。

建筑施工 GPS 测量作业调度表 **表 4-4**

时段编号	观测时间	测站号/名 机　号	测站号/名 机　号	测站号/名 机　号	测站号/名 机　号	测站号/名 机　号
1						
2						
3						
4						

建筑施工 GPS 定位外业观测通知单 **表 4-5**

观测日期：　　年　　月　　日

组别：　　　　　　　　　　　　　　　　　　操作员：

点位所在图幅：

测点编号/名：

观测时段：　　1:　　　　2:

　　　　　　　3:　　　　4:

　　　　　　　5:　　　　6:

安排人：　　　　　　　　　　　年　　月　　日

4.2.2 技术设计书的编写

在建筑施工 GPS 定位资料收集工作完成后，应编写 GPS 定位技术设计书，便于 GPS 定位的顺利实施。通常，其技术设计书包括的主要内容为：

(1) 任务来源及工作量

包括建筑施工 GPS 定位作业项目的来源、下达任务的项目、用途及意义；GPS 点位的数量（包括新定点数、约束点数、水准点数、检查点数）；GPS点位的精度指标及坐标、高程系统。

（2）建筑物概况

建筑物业主、设计单位、施工单位、监理单位概况；当地建设主管部门对所建建筑工程的要求；建筑物的位置及施工区域；建设场区的地形、地貌及气象情况；建筑物定位控制点的分布及对控制点的分析、利用和评价；建筑物周围环境（临近建筑物、城市道路等）情况。

（3）布网方案

建筑施工GPS定位网点的图形设计及基本连接方法；GPS网结构特征的测算；点位布设图的绘制。

（4）选点与埋标

建筑施工GPS定位点位的基本要求；点位标志的选用及埋设方法；点位的编号等。

（5）观测

对观测工作的基本要求；观测纲要的制定；有关数据采集应注意的问题。

（6）数据处理

数据处理的基本方法及使用的软件；起算点坐标的确定方法；闭合差检验及点位精度的评价指标。

（7）完成任务的措施

制定具体的实施细则，能在定位工作中切实执行，方法可靠且便于操作。

4.2.3 外业实施

（1）选点

建筑工程施工GPS定位的外业实施主要包括GPS点的埋设、观测、数据传输及数据预处理等工作。

由于GPS定位观测站之间对相互通视没有要求，而且网的图形结构也比较灵活，所以选点工作较常规控制定位方法的选点工作要简便。但由于点位的选择对于保证观测工作的顺利进行和保证定位结果的可靠性有着重要意义，所以，在选点工作开始之前，应收集、了解有关建筑物及其周围环境情况，以及原有测量控制点位及标型、标石的完好情况，以决定其适宜的点位，同时，选点工作还应遵循以下原则：

①为避免电磁场对 GPS 信号的干扰，点位应远离大功率无线电发射源（如电视台、微波站等），其距离不小于 200m；点位要远离高压输电线，其距离不得小于 50m。

②点位附近不应有大面积的水域或电磁波反射（或吸收）强烈的物体，以减少多路径效应的影响。

③点位应设在易于安装接收设备、视野开阔且目标显著的地方（包括在已有建筑物和在建的高层建筑操作层上的适当位置）。在视场周围 15°以上尽量无障碍物（包括已有建筑物），以减少 GPS 信号被遮挡或被障碍物吸收。

④点位应选在交通方便的地方，并有利于用其他观测手段联测和扩展。

⑤选点人员应按技术设计要求进行踏勘，在实地按要求选定点位。若所选点位需要进行水准联测时，选点人员应实地踏勘水准路线，并提出有关建议。

⑥点位所构成的网形应有利于同步观测边、点连接。

⑦点位所在地面基础要稳定，易于点的保存。当利用原有点位时，应对其稳定性、完好性以及觇标的安全可用性作逐一检查，符合要求后方可使用。

(2) 标志埋设

GPS 网点一般应埋设具有中心标志的标石，以精确标志点位。点的标石和标志必须稳定、坚固，至少能够保持到建筑工程施工完成且能够被有效地利用。特别是设在施工场区外的点，应能在保证施工期间不被破坏。点名应与建筑工程施工单位协商后确定，便于标石的保护，因施工期间，施工场区内施工人员众多，且施工工序往往由不同的施工队伍进行，这为标石的保护工作增加了难度，除了将标石设在不易受施工影响的地方外，还应委托专人保护。每个点位标石埋设工作结束后，应按表 4－6 填写点之记，并提交下述资料：

GPS点之记 表4－6

日期： 年 月 日 记录者： 绘图者： 校对者：

<table>
<tr><td rowspan="4">点名及种类</td><td rowspan="2">GPS点</td><td>名</td><td></td><td rowspan="2">土 质</td><td rowspan="2"></td></tr>
<tr><td>号</td><td></td></tr>
<tr><td rowspan="2">相邻点（名、号、里程、通视否）</td><td rowspan="2"></td><td rowspan="2"></td><td>标石说明（单、双层、类型）旧点</td><td></td></tr>
<tr><td>旧点名</td><td></td></tr>
<tr><td colspan="2">所 在 地</td><td colspan="4"></td></tr>
<tr><td colspan="2">交通路线</td><td colspan="4"></td></tr>
<tr><td colspan="2" rowspan="2">所在图幅号</td><td colspan="2" rowspan="2"></td><td rowspan="2">概略位置</td><td>X Y</td></tr>
<tr><td>L B</td></tr>
<tr><td colspan="6">（略图）</td></tr>
<tr><td colspan="2">备 注</td><td colspan="4"></td></tr>
</table>

①点之记；

②GPS网点图；

③土地占用批准文件与测量标志委托保管书；

④选点与埋石工作技术总结。

(3) 观测工作

1) 观测工作的基本技术要求

GPS观测与常规测量在技术要求上有很大的差别，特别是在高层建筑施工中，常规定位作业通常使用吊锤法、经纬仪法、激光铅直仪法、几何水准测量法等方法，其作业模式及主要技术指标的获得，与GPS定位有许多不同。工程测量的GPS控制在作业中应按表4－7有关技术标准执行。

GPS测量各等级作业的基本技术要求　　表4－7

项　目	等级／观测方法	二	三	四	一级	二级
卫星高度角(°)	静　态 快速静态	 ≥15	 ≥15	 ≥15	 ≥15	 ≥15
有效观测卫星数	静　态 快速静态	≥4 —	≥4 ≥5	≥4 ≥5	≥4 ≥5	≥4 ≥5
平均重复设站数	静　态 快速静态	≥2 —	≥2 ≥2	≥1.6 ≥1.6	≥1.6 ≥1.6	≥1.6 ≥1.6
时段长度(min)	静　态 快速静态	≥90 	≥60 ≥20	≥45 ≥15	≥45 ≥15	≥45 ≥15
数据采样间隔(s)	静　态 快速静态	 10～60	 10～60	 10～60	 10～60	 10～60
PDOP	静　态 快速静态	 <6	 <6	 <6	 <6	 <6

2）天线安置

①在正常点位，天线应架设在三角架上，并安置在标志中心的上方直接对中，天线基座上的圆水准气泡必须整平。

②在特殊点位，当天线需要安置在三角点觇标的基板上或回光台上时，应先将觇标顶部拆除，以防对GPS信号的遮挡，这时可将标志中心投影到基板或回光台上，作为安装天线的依据。若觇标顶部无法拆除，接收天线又安置在标架内观测，则会造成卫星信号中断，影响GPS定位精度。此时，可进行偏心观测。偏心点选在离三角点100m以内的地方，归心元素应以解析法精密测定。

③天线的定向标志线应指向正北，并顾及当地磁偏角影响，以减弱相位中心偏差的影响。天线定向误差依定位精度不同而异，一般不应超过±3°～±5°。

④刮风天气或在高层建筑施工层上安置天线，应将天线进行三方向固定，以防倒地碰坏。雷雨天气安置天线时，应注意将其

底盘接地，以防雷击天线。

⑤架设天线不宜过低，一般距地面1m以上。天线架设好后，在圆盘天线间隔120°的3个方向分别量取天线高，3次测量结果之差不应超过3mm，取其三次结果的平均值记入测量手簿中，天线高记录取值0.001m。

⑥建筑施工GPS定位可不观测气象要素，但应记录雨、晴、阴、云等天气状况。

3）开机观测

建筑施工GPS观测作业的主要目的是俘获GPS卫星信号，并对其进行跟踪、处理和测量，以获得建筑施工所需要的定位信息和观测数据。在天线安置工作完成后，即可在离开天线的适当位置（地面或高层建筑楼面）安放GPS接收机，并接通接收机与电源、天线、控制器的联接电缆，经过预热和静置，便可启动接收机进行观测。当接收机锁定卫星并开始记录数据后，观测员便按照仪器随机提供的操作手册进行输入和查询操作，在未掌握有关操作系统之前，不要随意按键和输入。通常，在正常接收过程中禁止更改任何设置参数。

一般情况下，在建筑施工GPS观测的外业工作中，操作人员要注意以下事项：

①当确认外接电源电缆及天线等各项连接完全无误后，方可接通电源，启动接收机。

②开机后接收机的有关指示和仪表数据显示正常时，方能进行自检和输入有关测站和时段控制信息。

③接收机在开始记录观测数据后，应注意查看有关观测卫星数量、卫星号、导航定位结果及其变化、存储介质记录等情况。

④在一个观测时段中，不允许进行下述操作：关闭又重新启动，进行自测试（发现故障除外），改变卫星高度角，改变天线位置，改变数据采样间隔，按动关闭文件和删除文件等功能键。

⑤每一观测时段中，气象资料一般应在时段始末及中间各观测一次，当时段较长（超过60min）应适当增加观测次数。

⑥观测过程中应特别注意供电情况，除在出测前认真检查电池容量是否充足外，作业中观测人员不要远离接收机，听到仪器的低压报警要及时予以处理，以免造成仪器内部数据的破坏或丢失。对观测时段较长的观测工作，应尽量采用太阳能电池板或汽车电瓶进行供电。

⑦在观测过程中不要靠近接收机使用对讲机，遇雷雨季节架设天线要有防雷击措施。

⑧仪器高度一定要按规定始、末各量一次，并及时输入仪器及记录测量手簿之中。

⑨放置于建筑施工操作层上的接收机，架设点除了要满足GPS定位的基本要求外，还应保证施测时施工作业层的其他工作干扰最小，通常GPS观测应安排在楼面混凝土浇筑前后且作业层上没有其他工种作业时进行。

⑩观测站的全部预定作业项目，经检查均已按规定完成，且记录与资料完整无误后方可迁站。

⑪在观测过程中要随时查看仪器内存或硬盘容量，每日观测结束后，应及时将数据转存至计算机硬盘或软盘上，并予以妥善保存，以免观测数据丢失。

4）观测记录

在建筑施工GPS观测工作中，所有资料均需妥善记录。记录形式主要可采用观测记录和观测手簿等两种。

①观测记录

观测记录由GPS接收机自动进行，均记录在存储介质（如硬盘、磁卡或记录卡等）上，其主要内容有：

a.载波相位观测值及相应的观测历元；

b.同一历元的测码伪距观测值；

c.GPS卫星星历及卫星钟差参数；

d.实时绝对定位结果；

e.测站控制信息及接收机工作状态信息。

②观测手簿

观测手簿是在接收机启动前及观测过程中，由观测人员随时填写的。其记录格式可以参照《全球定位系统城市测量技术规程》（CJJ73—97）中城市与工程 GPS 网观测记录格式要求，见表 4－8。在表 4－8 中，备注栏应记载观测过程中发生的重要问题，问题出现的时间及其处理方式等。

GPS 外作业观测手簿 **表 4－8**

________工程 GPS 外业观测手簿

<table>
<tr><td colspan="2">观测者姓名________ 日　　期____年__月__日
测　站　名________ 测　站　号________时段号________
天 气 状 况</td></tr>
<tr><td>测站近似坐标：
经度：E ____°____′
纬度：N ____°____′
高程：________（m）</td><td>本测站为
□________新点
□________等大地点
□________等水准点
□________</td></tr>
<tr><td colspan="2">记录时间：□北京时间 □UTC □区时
开录时间________ 结束时间________</td></tr>
<tr><td colspan="2">接收机号________ 天线号________
天线高：（m） 测后校正值________
1. ______ 2. ______ 3. ______平均值______</td></tr>
<tr><td>天线高量取方式略图</td><td>测站略图及障碍物情况</td></tr>
<tr><td colspan="2">观测状况记录
1. 电池电压________（块条）
2. 接收卫星号________
3. 信噪比（SNR）________
4. 故障情况________
5. 备注</td></tr>
</table>

观测记录和观测手簿是GPS高精度定位的依据，必须认真及时填写，坚决杜绝事后补记或追记。外作业中存储介质上的数据文件应及时拷贝一式两份，分别保存在专人保管的防水、放静电的资料箱内。存储介质的外面，适当处应贴制标签，注明文件名、网区名、点名、时段名、采集日期、观测手簿编号等。接收机内存数据文件在转录到外存介质上时，不得进行任何剔除或删改，不得调用任何对数据实施重新加工组合的操作指令。

4.3 作业模式

近年来，随着GPS定位后处理软件的发展和完善，为确定两点之间的基线向量，已有多种定位方案可供选择。这些不同的定位方案，称为GPS定位作业模式。目前，在GPS接收系统硬件和软件的支持下，较为普遍采用的作业模式有静态相对定位、快速静态相对定位、准动态相对定位和动态相对定位等。下面就这些方法在建筑施工定位中的应用作初步探讨。

4.3.1 静态定位模式

静态定位又称经典静态定位，主要用于建筑工程施工控制网的建立、分段控制基准或建筑物的定位。其作业原理是：采用2台或2台以上的接收设备，安放在建筑施工区域（包括施工作业层上和施工作业层外）的一条或数条基线的2个端点，同步观测4颗以上卫星，每时段长45min至2h或更多。该观测定位模式基线的相对定位精度可达到5mm + 1ppm · D，D为基线长度（km）。利用静态定位模式进行观测，要求观测基线应组成一系列封闭图形（图4－7），以便于外作业成果的检核，提高成果的可靠度。同时还可以通过平

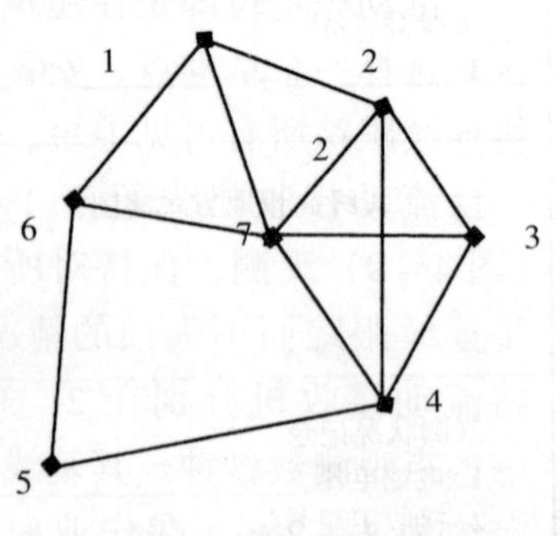

图4－7 静态定位

差（见第五章有关内容），进一步提高定位精度。

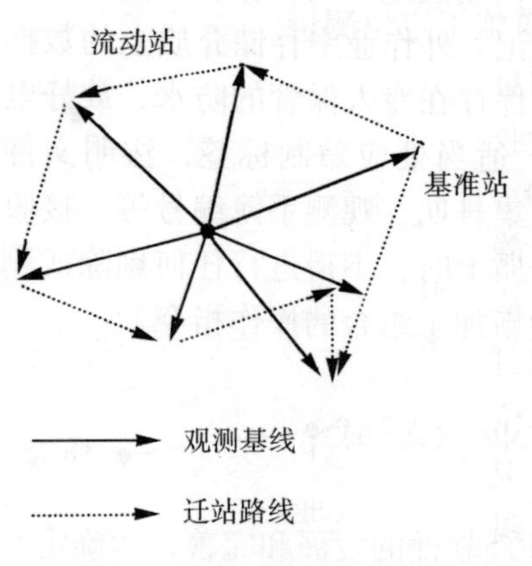

图 4-8　快速静态定位

除此以外，还可以采用快速静态定位的方法进行建筑施工定位作业，其原理为：在施工区域选择一个基准站，并安置 1 台接收机连续跟踪所有可见卫星，另 1 台接收机依此设置在施工作业层上的各流动站上进行观测，每点观测数 min。作业布置如图 4-8 所示。这种观测，其流动站相对于基准站的基线中误差为 5mm + 1ppm · *D*。利用快速静态定位进行观测，在观测时段内应确保有 5 颗以上卫星可供观测，流动站上的接收机在转移时，不必保持对所测卫星的连续跟踪，这对于在建筑施工作业层上的定位工作，显得非常方便与实用，同时，还可关闭电源以降低能耗。

4.3.2　动态定位模式

动态定位可以划分为准动态定位和动态定位两种作业模式。

准动态定位即是在建筑施工区域选择一个基准点，安置接收机连续跟踪所有可见卫星，将另一台流动接收机先置于 1 号站（图 4-9）观测，保持对所测卫星连续跟踪而不失锁的情况下，将流动接收机分别在 2，3，4，…各点观测数秒钟。其基线中误差约为 1～2cm。在作业时，应确保在观测时段上有 5 颗以上的卫星可供施工观测，若跟踪卫星

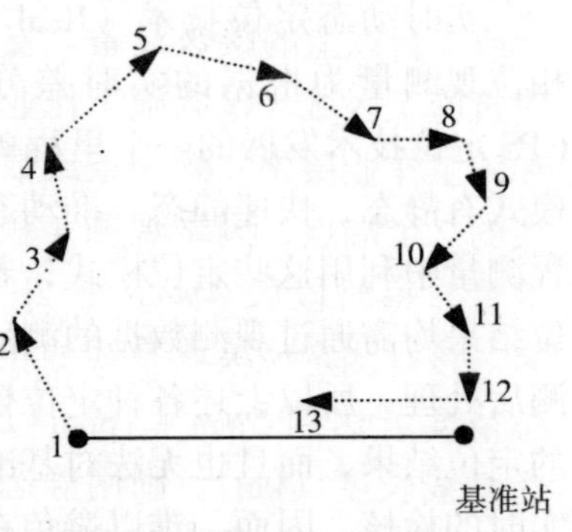

图 4-9　准动态定位

失锁，则应重新进行初始化工作，即在失锁的流动点上延长观测时间 1~2min。此方法可用于建筑施工定位测量。

动态定位即是在建筑施工测量区域的一个 GPS 基准点上安置接收机，连续跟踪所有可见卫星（图 4－10）；流动接收机先在出发点上静态观测数分钟，然后流动接收机从出发点开始连续运动，按规定的时间间隔自动测定运动载体的实时位置。在观测时需同步观测 5 颗卫星，其中至少 4 颗卫星要连续跟踪，流动点与基准点相距不超过 20km。此观测模式要求在观测过程中，要保持对观测卫星的连续跟踪，一旦发生失锁，则需重新进行初始化。初始化作业可以利用在卫星失锁的观测点上，静止观测数分钟；也可以利用动态初始化（AROF）技术进行，该定位模式可以用于高层和超高层建筑的结构变形及振动运动等的监测。

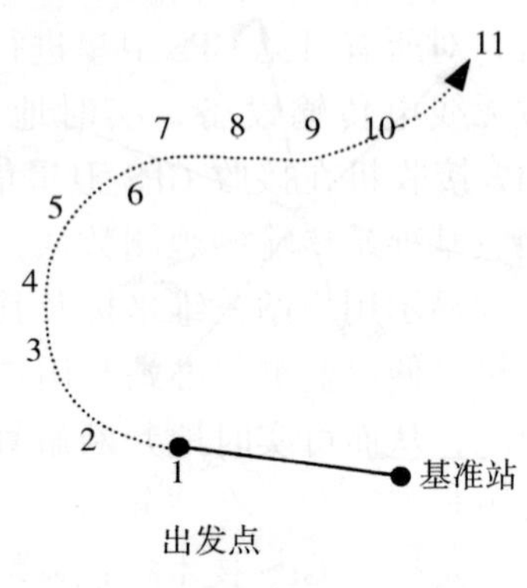

图 4－10　动态定位

4.3.3　实时动态定位模式

实时动态定位技术（Real Time Kinematic－RTK），是以载波相位观测量为根据的实时差分 GPS（RTD GPS）定位技术，是 GPS 定位技术发展的一个里程碑。从前述可知，GPS 测量作业的模式有静态、快速静态、准动态、动态相对定位等。但是，在工程测量中利用这些定位模式，若不与数据传输系统相结合，其定位结果均需通过观测数据的测后处理而获得。由于观测数据需在测后处理，所以上述各种定位模式，不仅无法实时地给出观测站的定位结果，而且也无法对基准站和用户站观测数据的质量进行实时的检核，因而，难以避免在数据后处理中发现不合格的测量成果，需要进行返工重测的情况。针对这一问题，常规的解决方法是：延长观测时间，以获得大量的多余观测量，来保证测量结果的可靠性。但此方法显著地降低了 GPS 定位工作的效率。

实时动态定位的基本方法是：在基准站上安置 1 台 GPS 接收机，对所有可见 GPS 卫星进行连续地观测，并将其观测数据，通过无线电传输设备，实时地发送给用户观测站。在用户站上，GPS 接收机在接收 GPS 卫星信号的同时，通过无线电接收设备，接收基准站传输的观测数据，然后根据相对定位原理，实时地计算并显示用户站三维坐标及其精度。这样，通过实时计算的定位结果，便可监测基准站与用户观测成果的质量和解算结果的收敛情况，从而可实时地判断解算结果是否正确，以减少冗余观测，缩短观测时间。在建筑施工定位中，采用 GPS 实时动态定位模式，是推广 GPS 技术在该领域应用的关键，也是提高定位作业效率的重要手段。随着 GPS 动态定位软硬件的进一步充实和改进，GPS 技术在工程领域特别是高层建筑施工领域的应用将前景宽广。

第5章　建筑施工GPS定位的数据处理

GPS接收机采集记录的数据是GPS接收机天线至卫星的伪距、载波相位和卫星星历等信息。在建筑施工定位中，一般时间采样率可设置为15s或20s，即每间隔15s记录一组观测值，一台接收机连续观测1h将有240组观测值。观测值中有对4颗以上卫星的观测数据以及地面气象观测数据等。建筑施工GPS数据处理包括GPS原始观测值的预处理、GPS基线向量解算、GPS基线向量网平差以及GPS坐标成果转换等一系列工作，最后得到建筑施工定位所需要的点位坐标成果。其数据处理的基本流程如图5－1所示。

数据采集是利用GPS接收机进行定位观测所记录的原始观测数据，并在观测记录的同时用随机软件解算出测站点的位置信息；数据传输至基线解算一般采用随机软件进行，将接收机记录的数据传到计算机，在计算机上进行预处理和基线解算；GPS网平差包括GPS基线向量网平差以及GPS网与地面网联合平差等内容。

数据采集 → 数据传输 → 预处理 → 基线解算 → GPS网平差 → 坐标变换

图5－1　GPS数据处理基本流程图

5.1　数据预处理及其质量分析

5.1.1　数据预处理

为了获得GPS观测基线向量并对观测成果进行质量检核，首先要对 GPS 数据进行预处理。根据预处理结果对观测数据的质量进行分析并做出评价，以确保观测成果和定位结果的预期精度。数据预处理的主要工作内容是：对数据进行平滑滤波检验，剔除粗差；统一数据文件格式并将各类文件数据加工成标准化文件，如 GPS 卫星轨道方程的标准化、卫星时钟钟差标准化、观测文件标准化等，找出整周跳变位置并修复观测值；对观测值进行各种模型改正。

(1) 数据预处理软件及选择

GPS 数据处理分基线解算和网平差两个阶段。各阶段数据处理软件可采用随机软件或经过正式鉴定的软件。目前，国内外此方面的软件很多。

(2) 卫星轨道方程的标准化

在 GPS 定位数据处理中需对卫星位置进行多次计算，而 GPS 广播星历每 h 有一组独立的星历参数，这便使得计算工作十分繁杂。同时，在建筑施工定位中，其定位成果往往要求在较短的时间内获得并被利用，因此，需要将卫星轨道方程标准化，以便计算简化，节约内存空间。通常，GPS 卫星轨道方程标准化多采用以时间为变量的多项式进行拟合处理。

将已知的多组不同历元的星历参数所对应的卫星位置 $P_i(t)$ 表达为时间 t 的多项式形式：

$$P_i(t) = a_{i0} + a_{i1}t + a_{i2}t^2 + \cdots + a_{in}t^n \qquad (5-1)$$

利用拟合法求解多项式系数，解出的系数 a_{in} 记入标准化星历文件，以此计算任一时刻的卫星位置。多项式的阶数 n 一般取 8~10 就足以保证轨道拟合精度。

拟合计算时，时间 t 的单位需规格化，规格化时间 T 为：

$$T_i = [2t_i - (t_1 - t_m)] / (t_m - t_1) \qquad (5-2)$$

式中 T_i——对应于 t_i 的规格化时间；

t_1、t_m——分别为观测阶段开始和结束的时间。此时，对应于 t_1 和 t_m 的 T_1 和 T_m 的值分别为 -1 和 +1。

(3) 卫星钟差的标准化

由于广播星历的卫星钟差（卫星钟钟面时间与 GPS 系统标准时间之差）是多个数值，需要通过多项式拟合求得惟一的平滑钟差改正多项式。标准化后的卫星钟差用于确定真正的信号发射时刻并计算该时刻的卫星轨道位置，同时，也用于将各站对卫星的时间基准统一起来以估算它们之间的相对钟差。当多项式拟合的精度优于 ±0.2ns 时，可精确探测整周跳变，估算整周未知数。

钟差的多项式形式为：

$$\Delta t_s = a_0 + a_1 (t - t_0) + a_2 (t - t_0)^2 \tag{5-3}$$

式中 a_0，a_1，a_2——钟差参数；

t_0——星钟参数的参考历元。

由多个参考历元的卫星钟差，利用最小二乘法原理求得多项式系数 a_i，再由式（5-3）计算任一时刻的钟差。因为 GPS 时间定义区为一个星期，即 604800s。故当 $t - t_0 > 302400$s（t_0 属于下一 GPS 周）时 t 应减去 604800s，当 $t - t_0 < -302400$（t_0 属于上一 GPS 周）时 t 应加上 604800s。

(4) 观测值文件的标准化

不同的接收机提供的数据记录格式不同。如对于观测时刻的记录，可能采用接收机参考历元，也可能是经过改正归算至 GPS 标准时间。在进行平差（基线向量的解算）之前，观测值文件必须规格化、标准化。观测值文件标准化主要包括记录格式标准化、记录项目标准化、采样密度标准化和数据单位标准化。

记录格式标准化即是各种接收机输出的数据文件在记录类型、记录长度和存取方式方面采取同一记录格式。

记录项目标准化即是每一种记录应包含相同的数据项，如果某些数据项缺项，则应以特定数据如“0”或空格填上。

采样密度标准化即是各接收机的数据记录采样间隔可能不同，如有的接收机每 15s 记录一次，有的则 20s 记录一次。标准化后应将数据采样间隔统一成一个标准长度。标准长度应大于或等于建筑施工 GPS 测量作业采样间隔的最长标准值。采样密度标准化后，数据量将成倍地减少，又称为数据压缩。数据压缩应在周跳修复后进行。数据压缩常用多项式拟合法。压缩后的数据等价于被压缩区间内的全部数据，且保持各压缩数据的误差独立。

数据单位标准化是指在数据文件中，同一数据项的量纲和单位应是统一的，如载波项位观测值统一以周为单位。

5.1.2 观测成果检核

对建筑施工 GPS 观测资料的检查复核工作，主要包括以下内容：定位成果是否符合调度命令和规范的要求；进行的观测数据质量分析是否符合实际。其检核具体项目有：每个时段同步边观测数据的检核、重复观测边的检核、同步观测环检核和异步观测环检核等。

(1) 每个时段同步边观测数据检核

建筑施工 GPS 定位的每个时段同步边观测数据检核主要应控制：每个时段同步边观测数据的剔除率应小于 10%；当采用单基线处理模式时，对于采用同一种数学模型的基线解，其同步时段中任一三边同步环的坐标分量相对闭合差和全长相对闭合差不得超过表 5－1 所列的限差。

同步坐标分量及环线全长相对闭合差限差（ppm·D）　　表 5－1

等级 / 限差类型	二	三	四	一级	二级
坐标分量相对闭合差	2.0	3.0	6.0	9.0	9.0
环线全长相对闭合差	3.0	5.0	10.0	15.0	15.0

(2) 重复观测边检核

对于建筑施工定位的同一条基线边，若观测了多个时段，则可得到多个边长结果。此种具有多个独立观测结果的边就是重复观测边。对于重复观测边的任意两个时段的成果互差，均应小于相应等级规定精度（按平均边长计算）的 $2\sqrt{2}$倍。

(3) 同步观测环检核

同步闭合环的闭合差理论上应恒等于零，但由于观测数据质量上的某些问题、模型误差和处理软件的不完善性，使得此同步环的闭合差实际上仍可能不为零。该闭合差一般情况下值很小，不至于对定位结果产生明显影响，所以可以将它作为成果质量的一种检核标准。一般地，3 边同步环中第三边处理结果与前两边的代数和之差应小于下列值：

$$\omega_x = \sqrt{3}\sigma/5,\quad \omega_y = \sqrt{3}\sigma/5,\quad \omega_z = \sqrt{3}\sigma/5,$$

$$\omega = (\omega_x^2 + \omega_y^2 + \omega_z^2)^{1/2} \leqslant 3\sigma/5 \tag{5-4}$$

式中　σ——相应级别的规定中误差（按平均边长计算）。

对于 4 个测站以上的多边同步环，将存在大量的同步闭合环，在处理完各边观测值后，应检查一切可能的环闭合差。以图 5-2 为例，A、B、C、D 四个测站同步观测，应检核：$AB-BC-CA$、$AC-CD-DA$、$AB-BD-DA$、$BC-CD-DB$、$AB-BC-CD-DA$、$AB-BD-DC-CA$、$AD-DB-BC-CA$。所有闭合环的分量闭合差不应大于$\sqrt{n}\sigma/5$，而环闭合差为：

$$\omega = \sqrt{\omega_x{}^2 + \omega_y{}^2 + \omega_z{}^2} \leqslant \sqrt{3n}\sigma/5 \tag{5-5}$$

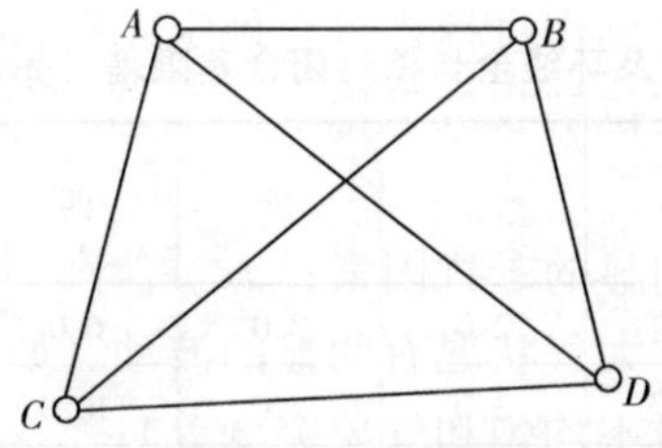

图 5-2　同步观测环

(4) 异步观测环检核

无论采用单基线模式或多基线模式解算建筑施工定位基线，都应在整个 GPS 网中选取一组完全的独立基线构成独立环，各独立环的坐标分量闭合差和全长闭合差应符合下式：

$$\begin{cases} \omega_x \leqslant 2\sqrt{n}\sigma \\ \omega_y \leqslant 2\sqrt{n}\sigma \\ \omega_z \leqslant 2\sqrt{n}\sigma \\ \omega \leqslant 2\sqrt{3n}\sigma \end{cases} \quad (5-6)$$

若发现边闭合数据或闭合环数据超过上述规定时，应分析原因并对其中部分或全部成果重测。需要重测的边，应尽量安排在一起进行同步观测。

5.1.3 观测质量的评价标准

在静态相对定位中，观测数据的评价一般分为四级，即良好、合格、存疑和不合格。各级的评价标准为：

(1) 良好

①测站环境好，无干扰因素；

②观测过程中大气状况稳定；

③能观测到所有预报的卫星；

④接收机运行正常，没有或偶尔发生短暂的失锁或故障报警，但很快得以排除；

⑤测站上全部操作过程都符合规定，资料齐全；

⑥实时绝对定位解收敛平稳。

(2) 合格

①测站上有明显的干扰因素；

②观测过程中大气状况有明显的波动（如有暴风雨过境、各方位的云量分布极不均匀和气象突变等）；

③接收机运行不大正常，多次出现报警或卫星失锁，且由于未能及时排除或多次积累致使约有10%的观测数据无效。

④测站上的操作过程基本符合规定要求；

⑤实时单点定位解的收敛过程有波动。

(3) 存疑（或部分合格）

①测站上信号干扰因素比较严重；

②观测过程中报警或信号失锁频繁，有约 20% 的观测数据无效；

③单点定位解的收敛波动较大。

(4) 不合格

①由于多种因素（气象、仪器、建筑施工操作等）影响，致使无效数据多于 30%；

②观测卫星数少于 4 颗；

③单点定时定位解收敛很困难。

在上述评价标准中，对于良好和合格的条件是所有指标满足，对于存疑和不合格的条件是满足指标中的任意一条。

5.1.4 关于重测问题

通过对检核超限基线的分析，若数据不能满足建筑施工定位、放样等的需要，则需进行返工重测。重测时应注意下述问题：

(1) 无论何种原因造成 1 个控制点不能与 2 条合格独立基线相连结，则该点上应补测或重测不少于 1 条独立基线。

(2) 可以舍弃在复测基线边长较差、同步环闭合差、独立环闭合差检验中超限的基线，但必须保证舍弃基线后的独立环所含基线数，否则，应重测该基线或有关同步图形。

(3) 由于点位不符合 GPS 定位要求而造成一个测站多次重测仍不能满足各项限差技术规定时，可按技术设计要求另增选新点进行重测。

(4) 在测量成果检核工作完成前，建筑施工现场特别是位于操作层上的测点要严加保护，以免操作层上的穿插作业人员不慎将测点点位损坏，为重测工作带来不必要的麻烦。

5.2 GPS 基线解算模型与精度

5.2.1 双差观测值模型

根据 GPS 卫星定位原理，设在 GPS 标准时刻 t_i 在建筑施工

GPS观测点1和观测点2同时对卫星 k、j 进行载波相位测量，将载波相位观测方程式(3-6)代入站间双差观测值方程式(3-7)中，经整理后可得双差观测值模型：

$$\begin{aligned} DD_{12}^{kj}(t_i) &= \phi_2^j(t_i) - \phi_1^j(t_i) - \phi_2^k(t_i) + \phi_1^k(t_i) \\ &= -f^j/c(\rho_2^j - \rho_1^j - \delta\rho_2^j + \delta\rho_2^j) \\ &\quad + f^k/c(\rho_2^k - \rho_1^k - \delta\rho_2^k + \delta\rho_2^k) + N_{12}^{kj} \end{aligned}$$

式中，$N_{12}^{kj} = N_2^j - N_1^j - N_2^k + N_1^k$，令 $\Delta\rho_{12}^j = \rho_2^j - \rho_1^j$，$\Delta\rho_{12}^k = \rho_2^k - \rho_1^k$，则上式为：

$$\begin{aligned} DD_{12}^{kj}(t_i) &= -f^j/c(\Delta\rho_{12}^j - \delta\rho_2^j + \delta\rho_1^j) \\ &\quad + f^k/c(\Delta\rho_{12}^k - \delta\rho_2^k + \delta\rho_1^k) + N_{12}^{kj} \end{aligned} \tag{5-7}$$

通过对上述双差模型进行线性化，可以得到双差观测值的误差方程式，然后根据最小二乘法原理求解，得到测点1相对于测点2的基线向量解。

另外，我们也可以用向量解算的方法由双差观测值模型式(5-7)得到基线向量解。如图5-3所示基线向量 b 与星站之间距离 ρ 的关系。对于卫星 S^k，设 ρ_1^{k0}，ρ_2^{k0} 分别为 ρ_1^k，ρ_2^k 的单位向量，则有：

$$\Delta\rho_{12}^k = 1/2\sec^2(\theta_1/2)(\rho_1^{k0} - \rho_2^{k0})\rho_2^k \cdot b \tag{5-8}$$

同理，对于卫星 S^j 有：

$$\Delta\rho_{12}^j = 1/2\sec^2(\theta_2/2)(\rho_1^{j0} - \rho_2^{j0})\rho_2^j \cdot b \tag{5-9}$$

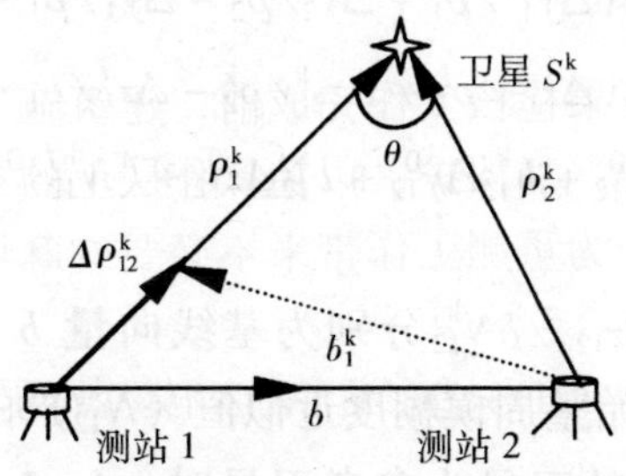

图5-3 基线向量与星站距离关系

将（5-8）、（5-9）式代入（5-7）式，得星站双差相位观测方程为：

$$DD_{12}^{kj}(t_i)=\{-f^j/c[1/2\sec^2(\theta_2/2)(\rho_1^{j0}-\rho_2^{j0})b]$$
$$+f^k/c[1/2\sec^2(\theta_1/2)(\rho_1^{k0}-\rho_2^{k0})b]\}$$
$$-f^j/c(\delta\rho_1^j-\delta\rho_2^j)+f^k/c(\delta\rho_1^k-\delta\rho_2^k)+N_{12}^{kj}$$

将上式写成误差方程形式：

$$V_{12}^{kj}(t_i)=\{-f^j/c[1/2\sec^2(\theta_2/2)(\rho_1^{j0}-\rho_2^{j0})b]$$
$$+f^k/c[1/2\sec^2(\theta_1/2)(\rho_1^{k0}-\rho_2^{k0})b]\}$$
$$-f^j/c(\delta\rho_1^j-\delta\rho_2^j)+f^k/c(\delta\rho_1^k-\delta\rho_2^k)+N_{12}^{kj}-DD_{12}^{kj}(t_i)$$

由于 $b=(\Delta x_{12},\Delta y_{12},\Delta z_{12})$，$\rho_i^{k0}=(\Delta x_i^k,\Delta y_i^k,\Delta z_i^k)/\rho_i^k$，$\rho_i^{j0}=(\Delta x_i^j,\Delta y_i^j,\Delta z_i^j)/\rho_i^j$。在建筑施工 GPS 定位的实践中，其基线长度往往较短，$\sec^2$（$\theta/2$）$-1<1\mathrm{ppm}\cdot D$，f^k/c 和 f^j/c 之差小于 $1\mathrm{ppm}\cdot D$，因此，$\sec^2$（$\theta/2$）以 1 代替，f^k 和 f^j 以 f 代替，同时输入基线向量 b 的近似值（Δx_{12}^0，Δy_{12}^0，Δz_{12}^0），初始整周模糊度 N_{12}^{kj} 的近似值为（N_{12}^{kj}）^{0}。这样，站星误差方程的最终形式可写为：

$$V_{12}^{kj}(t_i)=a_{12}^{kj}\delta x_{12}+b_{12}^{kj}\delta y_{12}+c_{12}^{kj}\delta z_{12}+\delta N_{12}^{kj}+W_{12}^{kj} \tag{5-10}$$

式中，

$$\begin{cases} a_{12}^{kj}=1/2f/c(\Delta x_1{}^k/\rho_1^k+\Delta x_2{}^k/\rho_2^k-\Delta x_1^j/\rho_1^j-\Delta x_2^j/\rho_2^j) \\ b_{12}^{kj}=1/2f/c(\Delta y_1{}^k/\rho_1^k+\Delta y_2^k/\rho_2^k-\Delta y_1^j/\rho_1^j-\Delta y_2^j/\rho_2^j) \\ c_{12}^{kj}=1/2f/c(\Delta z_1{}^k/\rho_1^k+\Delta z_2{}^k/\rho_2^k-\Delta z_1^j/\rho_1^j-\Delta z_2^j/\rho_2^j) \\ W_{12}^{kj}=a_{12}^{kj}\Delta x_{12}^0+b_{12}^{kj}\Delta y_{12}^0+c_{12}^{kj}\Delta z_{12}^0+(N_{12}^{kj})^0+\Delta_{12}^{kj}-DD_{12}^{kj} \end{cases} \tag{5-11}$$

δx_{12}，δy_{12}，δz_{12}，δN_{12}^{kj} 分别为基线向量 b 的近似值（Δx_{12}^0，Δy_{12}^0，Δz_{12}^0）和初始整周模糊度近似值（N_{12}^{kj}）^{0} 的改正值。当卫星 k、j 在选择 $k=1$ 的卫星为参考卫星时，$j=2$，3，4，…。对于 $k=1$，$j=2$；$k=1$，$j=3$；…，其站星双差观测值误差方程可参照（5-10）、（5-11）式写出；对于不同观测历元（即 t_i 时刻）

可分别列出类似的各历元时刻的一组误差方程。

5.2.2 法方程式及其解算

如果 GPS 接收机在测点 1、2 同时对 k 颗卫星进行观测，而且保持观测连续，共观测了 j 个历元，则可以构成 $n=j(k-1)$ 个误差方程。将所有误差方程用矩阵形式表达：

$$V=AX+L \tag{5-12}$$

式中，$V=(V_1, V_2, \cdots, V_n)^T$，

$X=(\delta X, \delta Y, \delta Z, \cdots, \delta N_1, \delta N_2, \delta N_{k-1})^T$，

$L=(W_1, W_2, \cdots, W_n)^T$，

$$A=\begin{bmatrix} a_{11} & a_{12} & a_{13} & 1 & 0 & \cdots & 0 \\ a_{21} & a_{22} & a_{23} & 1 & 0 & \cdots & 0 \\ \cdots & \cdots & \cdots & \cdots & \cdots & \cdots & \cdots \\ a_{j1} & a_{j2} & a_{j3} & 1 & 0 & \cdots & 0 \\ \cdots & \cdots & \cdots & \cdots & \cdots & \cdots & \cdots \\ a_{n-j,1} & a_{n-j,2} & a_{n-j,3} & 0 & 0 & 1 & 1 \\ \cdots & \cdots & \cdots & \cdots & \cdots & \cdots & \cdots \\ a_{n-1,1} & a_{n-1,2} & a_{n-1,3} & 0 & 0 & 1 & 1 \\ a_{n1} & a_{n2} & a_{n3} & 0 & 0 & 1 & 1 \end{bmatrix}\begin{matrix} \left.\begin{matrix} \\ \\ \\ \\ \end{matrix}\right\}\text{第 1 对卫星} \\ \\ \left.\begin{matrix} \\ \\ \\ \\ \end{matrix}\right\}\text{第 } k-1 \text{ 对卫星} \end{matrix}$$

按各类双差观测值等权且彼此独立，即权阵 P 为单位阵，组成法方程：

$$NX+B=0 \tag{5-13}$$

式中，$N=A^TA$，$B=A^TL$。可解得 X 为：

$$X=-N^{-1}B=A^TA^{-1}(A^TL) \tag{5-14}$$

若第 1 点的坐标已知，则可求得第 2 点坐标：

$$\begin{cases} x_2=x_1+\Delta x_{12}+\delta x_{12} \\ y_2=y_1+\Delta y_{12}+\delta y_{12} \\ z_2=z_1+\Delta z_{12}+\delta z_{12} \end{cases} \tag{5-15}$$

基线向量的平差值为：

$$\begin{cases}\Delta x_{12} = \Delta x_{12}^0 + \delta x_{12} \\ \Delta y_{12} = \Delta y_{12}^0 + \delta y_{12} \\ \Delta z_{12} = \Delta z_{12}^0 + \delta z_{12}\end{cases} \tag{5-16}$$

整周模糊度的平差值为：

$$N_i = N_i^0 + \delta N_i，(i=1，2，\cdots，k-1) \tag{5-17}$$

5.2.3 精度评定

(1) 精度估计

1) 单位权中误差估值

$$m_0 = \sqrt{V^1 PV/(n-k-2)} \tag{5-18}$$

2) 平差值的精度估计

未知数向量 X 中任一分量的精度估值为

$$m_{x_i} = m_0 \sqrt{1/P_{x_i}} \tag{5-19}$$

式中，P_{x_i} 由 N^{-1} 中对角元素求得，$P_{x_i} = 1/Q_{x_i}$。

对于基线长度

$b = \sqrt{(\Delta X_{12}^0 + \delta X_{12}^2)^2 + (\Delta Y_{12}^0 + \delta Y_{12})^2 + (\Delta Z_{12}^0 + \delta Z_{12})^2}$，在 $(\Delta X_{12}^0, \Delta Y_{12}^0, \Delta Z_{12}^0)$ 处展开得

$$\delta b = f^{\mathrm{T}} \Delta X \tag{5-20}$$

由协因数传播定律，则

$$Q_{\mathrm{b}} = f^{\mathrm{T}} Q_{\Delta X} f$$

基线长度 b 的中误差估值为

$$m_{\mathrm{b}} = m_0 \sqrt{Q_{\mathrm{b}}} \tag{5-21}$$

基线相对中误差估值为

$$f_{\mathrm{b}} = m_{\mathrm{b}} / b \cdot 10^6 \tag{5-22}$$

某一基线向量的解算结果如下：

基线端点号：XM01 ~ XM02

基线向量值：

$$\Delta X = -120.231, \Delta Y = 35.548,$$
$$\Delta Z = -179.360, S = 218.836$$

向量标准差：

$$M_X = 0.000783, M_Y = 0.001402,$$
$$M_Z = 0.000766, M_S = 0.000221$$

后验协方差阵：

	dx	dy	dz
dx	6.126002E-007		
dy	-1.049315E-006	1.965536E-006	
dz	-5.579127E-007	1.001276E-006	5.864785E-007

(2) 基线解算结果分析

建筑施工 GPS 定位基线向量的解算是一个复杂的平差计算过程。实际处理时要顾及观测时段中信号间断引起的数据剔除、劣质观测数据的发现及剔除、星座变化引起的整周未知参数的增加，进一步消除传播延迟改正以及对接收机钟差重新评估等问题。

建筑施工 GPS 定位基线处理后应对其结果作下述分析：

1）观测值残差分析

建筑施工 GPS 定位基线平差处理时往往假定观测值仅存在偶然误差，当存在系统误差或粗差时，处理结果将有偏差。理论上，载波相位观测精度为 1% 周，即对 L_1 波段信号观测误差只有 2mm。因而当偶然误差达 1cm 时，应认为观测值质量存在较严重的问题。当系统误差达 dm 级时应认为处理软件中的模型不适用。当残差分布中出现突然的跳跃或尖峰时，表明周跳未处理成功。

平差后单位权中误差一般为 0.05 周以下，否则，表明观测值中存在某些问题。可能存在受多路径干扰、建筑施工场区无线电信号干扰或接收机时钟不稳定等影响的低精度的观测值，观测值改正模型不适宜，周跳未被完全修复，也可能整周未知数解算不成功使观测值存在系统误差。单位权中误差较大也可能是起算数据存在问题，如基线固定端点坐标误差或作为基准数据的卫星星历误差的影响。

2）基线长度的精度

建筑施工 GPS 定位基线处理后，基线长度中误差应在标称精度值内。多数接收机的基线长度标称精度为 5～10±1～2ppm·D（mm）。而建筑施工定位的基线均为短基线，单频数据通过差分处理可有效地消除电离层影响，从而确保相对定位结果的精度。若建筑施工定位中需要长基线时，可选用双频 GPS 接收机，其消除电离层的影响明显优于单频接收机数据处理的结果。

3）双差固定解与双差实数解

理论上整周未知数 N 是一整数，但平差解算得的是一实数，称为双差实数解。将实数确定为整数在进一步平差时不作为未知数求解，此时得到的结果称为双差固定解。建筑施工定位的短基线可以精确确定整周未知数，因而其解算结果优于实数解，但两者之间的基线向量坐标应符合良好（通常要求其差小于 5cm）。当双差固定解与实数解的向量坐标差达分米级时，则处理结果可能误差太大，其原因多为观测质量不佳。

5.3 GPS 网平差与坐标转换

两观测站对 GPS 卫星的同步观测数据，经过平差后，解算出两观测站间的基线向量及其方差与协方差。在建筑施工 GPS 定位作业中，同时参加作业的接收机往往多于 2 台，这样一来，在同一观测时段中，便可能在多个观测站上同步观测 GPS 卫星，同时解算多条基线向量。将不同时段观测的基线向量互相联结成网，即成为 GPS 基线向量网。GPS 基线向量网的平差是以 GPS 基线向量为观测值，其方差阵之逆阵为权，进行平差计算，消除许多图形闭合条件不符值，求定各 GPS 网点的坐标并进行精度评定。

在以两观测站之间的基线向量为观测量进行网的平差时，通常应考虑任一基线向量的 3 个分量之间的关系，其相关性的大小由基线向量各自平差的结果确定；而不同的基线向量之间是相互独立的。

建筑施工 GPS 测量基线向量网的平差可以按三种模型进行。即：自由网平差、非自由网平差、GPS 网与地面网联合平差。

自由网平差又叫无约束平差。平差时固定网中某一点的坐标，考察网本身的内部符合精度以及考察基线向量之间有无明显的系统误差和粗差，同时，为 GPS 大地高与公共点正高（正常高）联合确定 GPS 网点的正高，提供平差处理后的大地高程数据。

非自由网平差又叫约束平差。平差时以国家大地坐标系或地方坐标系的某些点的坐标、边长和方位角为约束条件，考虑 GPS 网与地面网之间的转换参数进行平差计算。

GPS 网与地面网联合平差，即除 GPS 基线向量观测值和约束数据外，还有地面常规观测值如边长、方向、高差等，将这些数据一并进行平差。

非自由网平差和 GPS 网与地面网联合平差通常是在国家坐标系或地方坐标系内进行，平差完成后网点坐标已属于国家坐标系或地方坐标系，因而这两种平差方法是解决建筑施工 GPS 定位成果转换的有效手段。平差可以以三维模式进行，也可以以二维模式进行。当进行二维平差时，应首先将三维 GPS 基线向量及其方差阵转换至二维平差计算面（椭球面或高斯投影平面等）。在解决 GPS 大地高问题时，应先利用测区内若干点的正高或大地水准面差距（或高程异常），来确定 GPS 点的正高，从而使 GPS 大地高转换为实用高程成果。

5.3.1 GPS 网的三维无约束平差

GPS 基线向量提供的尺度和定向基准属于 WGS－84 坐标系，进行三维无约束平差时，需要引入位置基准，引入的位置基准不应引起观测值的变形和改正。引入位置基准的方法有三种，一种是网中有高级的 GPS 点时，将高级 GPS 点的坐标（属于 WGS－84 坐标系）作为网平差时的位置基准；第二种方法是网中无高级 GPS 点时，取网中任一点的伪距定位坐标作为固定网点坐标的起算数据；第三种方法是引入合适的近似坐标系统下的亏秩自由网基准。工程中以采用前两种方法居多。

(1) 误差方程的建立

设网中固定点号为 1，其坐标为 $X_1=(x_1, y_1, z_1)^T$，基线向量观测值 $\overline{\Delta X_{ij}}=(\overline{\Delta x_{ij}}, \overline{\Delta y_{ij}}, \overline{\Delta z_{ij}})^T$，其改正数为 $V_{ij}=(V_{\Delta xij}, V_{\Delta yij}, V_{\Delta zij})^T$，基线向量平差值为 $\Delta X_{ij}=(\Delta x_{ij}, \Delta y_{ij}, \Delta z_{ij})^T$，基线向量观测值方差与协方差及其权阵分别为 $D_{\Delta x}$，$P=\sigma^2 D_{\Delta x}^{-1}$；待定点近似坐标及其改正数分别为：$X_i^0=(x_i^0, y_i^0, z_i^0)^T$，$dX_i=(dx_i, dy_i, dz_i)^T$，待定点坐标平差值为 $X_i=(x_i, y_i, z_i)^T$。$i=2, 3, \cdots, n$；$j=1, 2, \cdots, n$；$i\neq j$；n 为网中点数。

由 $\Delta X_{ij}=X_j-X_i$、$\overline{\Delta X_{ij}}=\Delta X_{ij}+V_{ij}$ 以及 $X_i=X_i^0+dX_i$ 三式，即可得到基线向量观测值 ΔX_{ij} 的误差方程：

$$\begin{pmatrix} V_{\Delta xij} \\ V_{\Delta yij} \\ V_{\Delta zij} \end{pmatrix} = -\begin{pmatrix} 1 & 0 & 0 \\ 0 & 1 & 0 \\ 0 & 0 & 1 \end{pmatrix}\begin{pmatrix} dx_i \\ dy_i \\ dz_i \end{pmatrix} + \begin{pmatrix} 1 & 0 & 0 \\ 0 & 1 & 0 \\ 0 & 0 & 1 \end{pmatrix}\begin{pmatrix} dx_j \\ dy_j \\ dz_j \end{pmatrix} - \begin{pmatrix} \Delta x_{ij}+x_i^0-x_j^0 \\ \Delta y_{ij}+y_i^0-y_j^0 \\ \Delta z_{ij}+z_i^0-z_j^0 \end{pmatrix} \tag{5-23}$$

写成矩阵形式为

$$V_{ij}=-E dX_i+E dX_j-L_{ij}，\text{权 } P_{ij} \tag{5-24}$$

式中，E 为单位阵，L_{ij} 为式 (5-23) 的最后一项。

对于一端为固定点的基线向量 ΔX_{i1}，其误差方程式为

$$\begin{pmatrix} V_{\Delta xij} \\ V_{\Delta yij} \\ V_{\Delta zij} \end{pmatrix} = -\begin{pmatrix} 1 & 0 & 0 \\ 0 & 1 & 0 \\ 0 & 0 & 1 \end{pmatrix}\begin{pmatrix} dx_i \\ dy_i \\ dz_i \end{pmatrix} - \begin{pmatrix} \Delta x_{i1}+x_i^0-x_1^0 \\ \Delta y_{i1}+y_i^0-y_1^0 \\ \Delta z_{i1}+z_i^0-z_1^0 \end{pmatrix} \tag{5-25}$$

写成矩阵形式为：

$$V_{i1}=-E dX_i-L_{i1}，\text{权 } P_{ij} \tag{5-26}$$

(2) 法方程的组成及解算

由于各基线向量观测值之间是相互独立的，因而可分别对每

个基线向量观测值的误差方程式组成法方程，将单个法方程的系数阵及常数项加到总法方程的对应系数项和常数项上去。

显然，对应于式（5－24）和式（5－26）的法方程式分别为

$$-P_{ij}\mathrm{d}X_i+P_{ij}\mathrm{d}X_j-P_{ij}L_{ij}=0 \tag{5-27}$$

$$-P_{i1}\mathrm{d}X_i-P_{i1}L_{i1}=0 \tag{5-28}$$

总的法方程式为：

$$N\,\mathrm{d}X-U=0$$

解算法方程后得到未知数 $\mathrm{d}X$ 为

$$\mathrm{d}X=N^{-1}U \tag{5-29}$$

各待定点坐标平差值 X_i 为

$$X_i=X_i^0+\mathrm{d}X_i \tag{5-30}$$

（3）精度评定

单位权方差估值为

$$\sigma_0^2=V^{\mathrm{T}}PV/[3m-3(n-1)] \tag{5-31}$$

式中 m——基线向量个数；

n——网中点数。

平差未知数 $\mathrm{d}X$ 的方差估值为

$$D_i=\sigma_0^2N^{-1} \tag{5-32}$$

5.3.2 GPS 网的约束平差

（1）三维约束平差

建筑施工 GPS 定位基线向量网的三维约束平差可以在国家（或地方）大地坐标系中进行，约束条件是地面网点的固定坐标，固定大地方位角和固定空间弦长，平差结束后，同时完成坐标系统的转换。

GPS 基线向量观测值由 WGS－84 坐标系向国家（或地方）大地坐标系转换的模型为

$$\Delta X_{ij\mathrm{D}}=(1+k)\,R(\varepsilon_x,\varepsilon_y,\varepsilon_z)\,\Delta X_{ij\mathrm{G}} \tag{5-33}$$

式中，$\Delta X_{ij\mathrm{G}}$ 为基线向量观测值，$\Delta X_{ij\mathrm{D}}$ 为转换到国家（或大地）坐标系中的基线向量，k 为尺度差转换参数，ε_x，ε_y，ε_z 为欧拉

角转换参数。

1）误差方程式的建立

$$\begin{pmatrix} V_{\Delta xij} \\ V_{\Delta yij} \\ V_{\Delta zij} \end{pmatrix} = -\begin{pmatrix} dx_i \\ dy_i \\ dz_i \end{pmatrix} + \begin{pmatrix} dx_j \\ dy_j \\ dz_j \end{pmatrix} + \begin{pmatrix} \Delta x_{ij} \\ \Delta y_{ij} \\ \Delta z_{ij} \end{pmatrix} k + \begin{pmatrix} 0 & -\Delta z_{ij} & \Delta y_{ij} \\ \Delta z_{ij} & 0 & -\Delta x_{ij} \\ -\Delta y_{ij} & \Delta x_{ij} & 0 \end{pmatrix}$$

$$\begin{pmatrix} \varepsilon_x \\ \varepsilon_y \\ \varepsilon_z \end{pmatrix} - \begin{pmatrix} \Delta x_{ij} + x_i^0 - x_j^0 \\ \Delta y_{ij} + y_i^0 - y_j^0 \\ \Delta z_{ij} + z_i^0 - z_j^0 \end{pmatrix} \tag{5-34}$$

式中，除特定点的坐标改正数为未知数外，尺度差和 3 个旋转参数 ε_x，ε_y，ε_z 也作为未知数在平差时解算。

考虑到约束条件如固定大地方位角条件中的改正数以两端点的大地坐标的改正数作为未知数，所以可将误差方程式（5-34）改换成以待定点的大地坐标改正数 dB 为平差未知数的误差方程式，即:

$$dB = (dB_i,\ dL_i,\ dH_i) \tag{5-35}$$

由空间直角坐标系与大地坐标系之间的转换关系（2-3）式，得 dB_i 与 dX_i 之间的关系有:

$$dX_i = A_i dB_i \tag{5-36}$$

其中，

$$A_i = \begin{pmatrix} -(N_i + H_i)\sin B_i^0 \cos L_i^0/\rho'' & -(N_i + H_i)\cos B_i^0 \sin L_i^0/\rho'' & \cos B_i^0 \cos L_i^0 \\ -(N_i + H_i)\sin B_i^0 \sin L_i^0/\rho'' & (N_i + H_i)\cos B_i^0 \cos L_i^0/\rho'' & \cos B_i^0 \sin L_i^0 \\ (N_i + H_i)\cos B_i^0/\rho'' & 0 & \sin B_i^0 \end{pmatrix}$$

因此式（5-34）可改写成

$$\begin{pmatrix} V_{\Delta xij} \\ V_{\Delta yij} \\ V_{\Delta zij} \end{pmatrix} = -A_i \begin{pmatrix} dx_i \\ dy_i \\ dz_i \end{pmatrix} + A_j \begin{pmatrix} dx_j \\ dy_j \\ dz_j \end{pmatrix} + \begin{pmatrix} \Delta x_{ij} \\ \Delta y_{ij} \\ \Delta z_{ij} \end{pmatrix} k$$

$$+ \begin{pmatrix} 0 & -\Delta z_{ij} & \Delta y_{ij} \\ \Delta z_{ij} & 0 & -\Delta x_{ij} \\ -\Delta y_{ij} & \Delta x_{ij} & 0 \end{pmatrix} \begin{pmatrix} \varepsilon_x \\ \varepsilon_y \\ \varepsilon_z \end{pmatrix} - \begin{pmatrix} \Delta x_{ij} + x_i^0 - x_j^0 \\ \Delta y_{ij} + y_i^0 - y_j^0 \\ \Delta z_{ij} + z_i^0 - z_j^0 \end{pmatrix} \tag{5-37}$$

写成矩阵形式为

$$V=-A_i\mathrm{d}B_i+A_j\mathrm{d}B_j+\Delta X_{ij}k+R_{ij}\varepsilon-L_{ij} \tag{5-38}$$

式中，

$$L_{ij}=\begin{pmatrix}\Delta x_{ij}+x_i^0-x_j^0\\ \Delta y_{ij}+y_i^0-y_j^0\\ \Delta z_{ij}+z_i^0-z_j^0\end{pmatrix},\quad \varepsilon=\begin{pmatrix}\varepsilon_x\\ \varepsilon_y\\ \varepsilon_z\end{pmatrix}$$

权阵为 P_{ij}。

2）约束条件方程

①固定点坐标约束条件方程

设建筑施工定位的第 K 点为已知点，则有坐标条件

$$\mathrm{d}B_k=0 \tag{5-39}$$

体现在误差方程中某一基线端点为已知点时，应消去该点改正数项。

②固定空间弦长约束条件方程

设 D_{ik} 为建筑施工定位地面网中高精度空间弦长，平差时视为已知值以作为 GPS 基线向量网的尺度基准，则有条件方程

$$-C_{ik}A_i\mathrm{d}B_i+C_{ik}A_k\mathrm{d}B_k+W_{D_{ik}}=0 \tag{5-40}$$

式中，$C_{ik}=\left[\frac{\Delta x_{ik}}{D_{ik}}\ \frac{\Delta y_{ik}}{D_{ik}}\ \frac{\Delta z_{ik}}{D_{ik}}\right]$，$W_{D_{ik}}=\sqrt{(\Delta x_{ik}^0)^2+(\Delta y_{ik}^0)^2+(\Delta z_{ik}^0)^2}$。

③固定大地方位角约束条件方程

设 a_{ki} 为建筑施工定位地面网中已知的大地方位角，平差时作为 GPS 基线向量的定向基准，则有条件方程

$$-F_{ki}A_k\mathrm{d}B_k+F_{kj}A_j\mathrm{d}B_j+W_{akj}=0 \tag{5-41}$$

式中，

$$F_{kj}=1/D_{kj}\sin Z_{kj}^0\begin{pmatrix}\sin a_{kj}\sin B_k^0\cos L_k^0-\cos a_{kj}\sin L_k^0\\ \sin a_{kj}\sin B_k^0\cos L_k^0+\cos a_{kj}\sin L_k^0\\ -\sin a_{kj}\cos B_k^0\end{pmatrix}^{\mathrm{T}}$$

$$W_{akj}=\operatorname{arctg}\ (y_{kj}/x_{kj})\ -a_{kj}$$

Z_{kj}^0 为 k 点作测站点时 j 点的天顶距近似值，$Z_{kj}^0=\operatorname{arctg}\ [z_{kj}^0/$

$(x_{kj}^0\cos a_{kj}+\sin a_{kj}y_{kj}^0)]$，$x_{kj}^0$、$y_{kj}^0$、$z_{kj}^0$为以 k 点为原点的地平直角坐标系中 j 点的坐标值（可根据站心赤道坐标系的坐标转换得到）。

3）法方程的组成及解算

法方程式的组成及解算按带有条件的相关间接平差方法进行。其误差方程式为：

$$V=B_B\mathrm{d}B-L \tag{5-42}$$

若将条件方程写为

$$C\mathrm{d}B+W=0 \tag{5-43}$$

则可组成法方程式

$$\begin{bmatrix} N & C^T \\ C & 0 \end{bmatrix}\begin{bmatrix} \mathrm{d}B \\ K \end{bmatrix}\begin{bmatrix} -U \\ W \end{bmatrix}=0 \tag{5-44}$$

式中，

$$N=B_B^TPB_B,\ U=B_B^TPL$$

$$\mathrm{d}B=(\mathrm{d}B_1{}^T,\ \mathrm{d}B_2{}^T,\ \cdots,\ \mathrm{d}B_n{}^T,\ K,\ \varepsilon_x,\ \varepsilon_y,\ \varepsilon_z)$$

K 为联系系数。

解式（5-44）得

$$\begin{cases} K=(CN^{-1}C^T)^{-1}(W+CN^{-1}U) \\ \mathrm{d}B=N^{-1}(U-C^TK) \end{cases} \tag{5-45}$$

平差后未知数的协因素阵

$$Q_B=N^{-1}+N^{-1}C^TQ_{KK}CN^{-1}$$

$$Q_{KK}=-(CN^{-1}C^T)^{-1} \tag{5-46}$$

单位权方差估值为

$$\sigma_0^2=V^TPV/(3m-t+r)$$

式中 m——基线向量个数；

t——未知数个数（含待定点坐标和转换参数）；

r——条件方程个数。

平差后未知数的方差估值为

$$D_B=\sigma_0^2Q_B \tag{5-47}$$

（2）二维约束平差

在建筑施工定位中，以国家（或地方）坐标系的一个已知点和一个已知基线的方向作为起算数据，平差时将 GPS 基线向量观测值及其方差阵转换到国家（或地方）坐标系的二维平面（或球面）上，然后在国家（或地方）坐标系中进行二维约束平差。转换后的 GPS 基线向量网与地面网在一个起算点上位置重合，在一条空间基线方向上重合。该转换方法避免了三维基线网转换成二维基线向量时地面网大地高不准确引起的尺度误差和变形，保证 GPS 网转换后整体及相对几何关系的不变性。转换后，二维基线向量网与地面网之间只存在尺度差和残余的定向差，因而进行二维约束平差时只要考虑两网之间的尺度差参数和残余定向差参数。

1）GPS 基线向量观测值的误差方程

$$
\begin{cases} V_{\Delta xij} = -\mathrm{d}x_i + \mathrm{d}x_j + \Delta x_{ij}\mathrm{d}k - \Delta y_{ij}/\rho''\mathrm{d}\alpha + \Delta x_{ij} + x_i^0 - x_j^0 \\ V_{\Delta yij} = -\mathrm{d}y_i + \mathrm{d}y_j + \Delta y_{ij}\mathrm{d}k - \Delta x_{ij}/\rho''\mathrm{d}\alpha + \Delta y_{ij} + y_i^0 - y_j^0 \end{cases} \tag{5-48}
$$

式中 Δx、Δy 和 $\mathrm{d}x$、$\mathrm{d}y$——分别为转换后的二维基线向量观测值和待定点坐标改正数；

$\mathrm{d}k$ 和 $\mathrm{d}\alpha$——为尺度差和残余定向差参数，当 i 点或 j 点为固定点时，相应的改正数为0。

2）约束条件方程

①边长约束条件

$$
-\cos\alpha_{ij}^0\mathrm{d}x_i - \sin\alpha_{ij}^0\mathrm{d}y_i + \cos\alpha_{ij}^0\mathrm{d}x_j + \sin\alpha_{ij}^0\mathrm{d}y_j + WS_{ij} = 0 \tag{5-49}
$$

式中，$S_{ij} = \mathrm{arctg}\left[(y_j^0 - y_i^0)/(x_j^0 - x_i^0)\right]$，$W = \left[(x_j^0 - x_i^0) + (y_j^0 - y_i^0)\right]^{1/2} - S_{ij}$。

②坐标方位角约束条件

$$
a_{ij}\mathrm{d}x_i + b_{ij}\mathrm{d}y_i + a_{ij}\mathrm{d}x_j + b_{ij}\mathrm{d}y_j + W_{aij} = 0 \tag{5-50}
$$

式中，$a_{ij}=\rho''\sin\alpha_{ij}^0/S_{ij}^0$，$b_{ij}=\rho''\cos\alpha_{ij}^0/S_{ij}^0$，$W_{aij}=\mathrm{arctg}$［（$y_j^0-y_i^0$）/（$x_j^0-x_i^0$）］$-a_{ij}$。

5.3.3 GPS 基线向量网与地面网的联合平差

建筑施工定位地面网除了已知点坐标、已知边长和已知方位角等已知数据以外，还有方向、边长等常规观测值。将 GPS 基线向量观测值与该地面网的已知数据和常规观测值一起进行的平差即是 GPS 基线向量与地面网联合平差。

联合平差可以两网的原始观测量为根据，也可以两网单独平差的结果为根据。平差时，引入坐标系统的转换参数，因此，平差的同时还可完成坐标系统的转换。

(1) 二维联合平差

二维联合平差时，GPS 基线向量观测值的误差方程与约束条件方程同二维约束平差。而建筑施工定位地面网的方向和边长观测值的误差方程为：

1）方向观测误差方程

$$V_{lij}=-\mathrm{d}z_i+a_{ij}\mathrm{d}x_i+b_{ij}\mathrm{d}y_i-a_{ij}\mathrm{d}x_j-b_{ij}\mathrm{d}y_j-L_{ij} \quad (5-51)$$

式中　$\mathrm{d}z_i$——点 i 上定向角未知改正数，其近似值为 z^0，$L_{ij}=z_i^0+l_{ij}-\alpha_{ij}^0$。

2）边长观测值误差方程

$$V_{\mathrm{S}ij}=-\cos\alpha_{ij}^0\mathrm{d}x_i-\sin\alpha_{ij}^0\mathrm{d}y_i+\cos\alpha_{ij}^0\mathrm{d}x_j+\sin\alpha_{ij}^0\mathrm{d}y_j-L_{\mathrm{S}ij} \quad (5-52)$$

式中，$L_{\mathrm{S}ij}=S_{ij}-S_{ij}^0$。

(2) 三维联合平差

GPS 基线向量观测值的误差方程和条件方程与三维约束平差相同。建筑施工定位地面网观测值误差方程可表达为：

1）空间弦长观测值的误差方程

$$V_{\mathrm{D}ij}=-C_{ij}A_i\mathrm{d}B_i+C_{ij}A_j\mathrm{d}B_j-L_{\mathrm{D}ij} \quad (5-53)$$

式中，$L_{\mathrm{D}ij}=D_{ij}-[(\Delta x_{ij}^0)^2+(\Delta y_{ij}^0)^2+(\Delta z_{ij}^0)^2]^{1/2}$，$D_{ij}$为空间弦长观测值，其相应的权为 $P_{\mathrm{D}ij}$。

2）方向观测值的误差方程

$$V_{\beta ij} = -\mathrm{d}z_i - F_{ij}A_i\mathrm{d}B_i + F_{ij}A_j\mathrm{d}B_j - L_{\beta ij} \qquad (5-54)$$

式中 $L_{\beta ij} = \beta_{ij} + z_i^0 - \alpha_{ij}^0$；

$\mathrm{d}z_i$——i 点定向角未知数的改正数；

z_i^0——i 点定向角未知数的近似值；

β_{ij}——方向观测值；

α_{ij}^0——大地方位角近似值。

法方程组成与解算以及精度评定与三维约束平差相同。求单位权方差时，自由度计算中应加上地面观测值个数。由于建筑施工定位地面网通常都是在大地坐标系统或高斯平面坐标系统中进行平差计算的，为计算网点的大地高程，必须以相应的精度确定测点的高度异常。实际上高程异常的精度值随着建筑物所在地的位置不同而存在较大差别，且该高程异常的误差直接影响所求地面网点大地高的精度，从而影响据此计算的空间直角坐标的精度，此时，大地高的方差和协方差也难以比较可靠地确定，同时，会对建筑施工 GPS 基线向量网和地面网的联合平差造成影响。因此，在应用 GPS 进行建筑施工定位时，二维联合平差应是首选方案。

5.3.4 GPS 定位成果的坐标转换

由于卫星星历是以 WGS-84 坐标系为依据建立的，因此，GPS 定位成果，其中包括单点定位坐标及相对定位中解算的基线向量，均属于 WGS-84 大地坐标系，而建筑施工定位实用的成果往往是属于某一地方坐标系或独立施工坐标系，该坐标系与 WGS-84 坐标系之间一般存在平移和旋转关系。只有经过这种坐标转换后的成果，才能用于建筑工程的施工定位放样。

(1) GPS 定位成果的表示方法

WGS-84 大地坐标系是 GPS 卫星定位系统采用的大地坐标系，因此，所有使用 GPS 接收机进行计算的成果均属于 WGS-84 大地坐标系。

GPS 定位有单点绝对定位和点间相对定位两种方法。

单点定位确定的是点在 WGS－84 坐标系中的位置。大地测量点的位置常用大地纬度 B，大地经度 L 和大地高 H 表示及三维直角坐标 X、Y、Z 表示。

相对定位确定的是点之间的相对位置，因此可以用直角坐标差 ΔX、ΔY、ΔZ 表示，也可用大地坐标差 ΔB、ΔL、ΔH 表示。相对定位时其中一个点是固定点，设为 1 号点，其坐标为 X_1、Y_1、Z_1 或 B_1、L_1、H_1，则另一点（2 号点）的三维直角坐标和大地坐标可表示为：

$$\begin{pmatrix} X_2 \\ Y_2 \\ Z_2 \end{pmatrix} = \begin{pmatrix} X_1 \\ Y_1 \\ Z_1 \end{pmatrix} + \begin{pmatrix} \Delta X \\ \Delta Y \\ \Delta Z \end{pmatrix} \tag{5-55}$$

$$\begin{pmatrix} B_2 \\ L_2 \\ H_2 \end{pmatrix} = \begin{pmatrix} B_1 \\ L_1 \\ H_1 \end{pmatrix} + \begin{pmatrix} \Delta B \\ \Delta L \\ \Delta H \end{pmatrix} \tag{5-56}$$

若建立以固定点为原点的站心地平空间直角坐标系，由第二章的式（2－8）得 2 号点在该坐标系内的坐标 X、Y、Z 与基线向量 ΔX、ΔY、ΔZ 的关系为：

$$\begin{pmatrix} X \\ Y \\ Z \end{pmatrix} = \begin{pmatrix} \sin B_1 \cos L_1 & -\sin B_1 \sin L_1 & \cos B_1 \\ -\sin L_1 & \cos L_1 & 0 \\ \cos B_1 \cos L_1 & \cos B_1 \sin L_1 & \sin B_1 \end{pmatrix} + \begin{pmatrix} \Delta X \\ \Delta Y \\ \Delta Z \end{pmatrix} \tag{5-57}$$

或

$$\begin{pmatrix} \Delta X \\ \Delta Y \\ \Delta Z \end{pmatrix} = \begin{pmatrix} -\sin B_1 \cos L_1 & -\sin B_1 & \cos B_1 \cos L_1 \\ -\sin B_1 \sin L_1 & \cos L_1 & \cos B_1 \sin L_1 \\ \cos B_1 & 0 & \sin B_1 \end{pmatrix} \begin{pmatrix} X \\ Y \\ Z \end{pmatrix} \tag{5-58}$$

若以天顶距 $Z_{天}$、方位角 A 和水平距离 D 来表示 2 号点在站心空间直角坐标系内的位置，则有：

$$\begin{pmatrix} X \\ Y \\ Z \end{pmatrix} = \begin{pmatrix} D \cdot \cos A \\ D \cdot \sin A \\ D \cdot \mathrm{ctg} Z_{天} \end{pmatrix} \tag{5-59}$$

或

$$\begin{cases} D = \sqrt{X^2 + Y^2} \\ A = \text{arctg}\ (Y/X) \\ Z_{天} = \text{arctg}\ (Z/D) \end{cases} \tag{5-60}$$

(2) GPS 定位成果的坐标转换

1) GPS 定位成果至国家/地方参考椭球的二维转换

GPS 定位技术用于建筑施工定位，所得结果多为三维基线向量，其基线向量又构成一个 GPS 基线向量网，基线向量网是三维空间网。二维转换是将三维的 GPS 基线向量网变换投影到国家大地坐标系/地方独立坐标系上去，也即是将 GPS 基线网变换投影成与国家大地测量控制网或与地方独立测量控制相匹配兼容，这种转换对于建筑施工 GPS 定位成果的工程运用至关重要。其转换的核心是使 GPS 基线向量网与常规地面测量控制网原点重合，起始方位一致，也使两坐标系在方位上具有可比性，而在坐标和边长上只存在两个系统间尺度差的影响。建筑施工应用 GPS 定位进行二维转换的基本方法如下。

①GPS 三维基线向量网的平移变换

设建筑施工常规地面定位控制网的原点在国家大地坐标系中的大地坐标为 B_0、L_0、H_0，便可求得该点在国家大地坐标系中的直角坐标 X_0、Y_0、Z_0 为：

$$\begin{cases} X_0 = (N_0 + H_0)\ \cos B_0 \cos L_0 \\ Y_0 = (N_0 + H_0)\ \cos B_0 \sin L_0 \\ Z_0 = (N_0\ (1 - e^2) + H_0)\ \sin B_0 \\ N_0 = a/\ (1 - e^2 \sin^2 B_0)^{1/2} \end{cases} \tag{5-61}$$

式中　a、e^2——国家大地坐标系参考椭球的长半径和第一偏心率。

再设建筑施工 GPS 网在原点的三维直角坐标为 X^0、Y^0、Z^0，便可求得 GPS 网平移至地面定位控制网原点的平移参数：

$$\begin{cases} \Delta X = X_0 - X_0 \\ \Delta Y = Y_0 - Y_0 \\ \Delta Z = Z_0 - Z_0 \end{cases} \tag{5-62}$$

所以，建筑施工 GPS 定位网中各点坐标经下式变换即可得到在国家大地坐标系中的三维直角坐标：

$$\begin{cases} X_1 = X^1 + \Delta X \\ Y_1 = Y^1 + \Delta Y \\ Z_1 = Z^1 + \Delta Z \end{cases} \tag{5-63}$$

利用反算公式则可得到 GPS 网中各点在国家大地坐标系中的大地坐标 B_1、L_1、H_1。

②GPS 网在国家大地坐标系内的二维投影变换

根据平移变换，建筑施工 GPS 定位网各点已换算成国家大地坐标系中的大地坐标，为使 GPS 网与地面定位控制网在起始方位上一致，可利用大地测量学中的赫里斯托夫第一微分方程，即使同一椭球面上的网互相匹配。

$$\begin{cases} dB_1 = P_1 dB_0 + P_3 (ds/s) + P_4 dA_0 \\ dL_1 = Q_1 dB_0 + Q_3 (ds/s) + Q_4 dA_0 + dL_0 \end{cases} \tag{5-64}$$

式中　dB_0、dL_0——两网在原点上的纬、经度差；

ds/s——两网在尺度上的差；

dA_0——两网在起始方位上的差；

P_1、P_3、P_4、Q_1、Q_3、Q_4——系数。

GPS 网经过平移变换后，已在原点上与地面网完全重合，所以 dB_0、dL_0 为 0；在进行二维投影变换时，通常不确知两网在尺度上的差异，可假定 ds/s 为 0；两网在起始方位上的偏差需要由地面网原点至起始方位点的大地方位角 A_0 和 GPS 网在相应方位上的大地方位角 A^0 求得。利用大地测量学可求得

$$dA_0 = A_0 - A^0 \tag{5-65}$$

由上述条件，式（5-63）可简化为

$$\begin{cases} dB_1 = P_4 dA_0 \\ dL_1 = Q_4 dA_0 \end{cases} \tag{5-66}$$

最后得 GPS 网各点在国家大地坐标系内与地面网点原点一致、起始方位一致的坐标为

$$\begin{cases} B_1 = B^1 + \mathrm{d}B_1 \\ L_1 = L^1 + \mathrm{d}L_1 \end{cases} \tag{5-67}$$

利用高斯正算公式或其他平面投影变换公式可得 GPS 各点在国家平面坐标系内的坐标 X_1 和 Y_1。

③GPS 网投影变换至地方独立坐标系

建筑施工定位在多数情况下，使用的是地方坐标系，因此需将 GPS 网投影变换至地方独立坐标系上，便于 GPS 定位成果的利用。地方独立坐标系对应着一个地方参考椭球，该椭球与国家参考椭球只存在长半径上的差异 dα，椭球变换的投影公式：

$$\begin{cases} \mathrm{d}B' = (\alpha \sin 2B_1 / M_1) \cdot \mathrm{d}a \\ \mathrm{d}L' = 0 \end{cases} \tag{5-68}$$

其中 α 为椭球扁率。而

$$M_1 = a\ (1 - e^2)\ / \sqrt{(1 - e^2)\ \sin^2 B_1}$$

于是得 GPS 网点在地方参考椭球上的大地经纬度为

$$\begin{cases} \bar{B}^1 = \bar{B}_1 + \mathrm{d}B^1 \\ \bar{L}^1 = \bar{L}_1 \end{cases} \tag{5-69}$$

2）GPS 定位成果转换为国家大地坐标系的坐标

二维转换后 GPS 网与地面网在原点和起始大地坐标方位上已完全重合，而三维转换即是使 GPS 网与地面网在原点和空间起始方向上完全重合。

通常，先作 GPS 网的平移变换，使 GPS 网与地面网在原点上重合，然后，在原点建立站心空间直角坐标系，计算出 GPS 网与地面网在起始方向上的方位角 A 和高度角 β。

$$A = \arctan\ (Y/X),\ \beta = \arctan\left(Z/\sqrt{X^2 + Y^2} \right) \tag{5-70}$$

因此，GPS 网与地面网在起始方向上的方位角差和高度角差为

$$\begin{cases} \mathrm{d}A = A_{地} - \alpha_G \\ \mathrm{d}\beta = \beta_{地} - \beta_G \end{cases} \tag{5-71}$$

设 GPS 网各点相对于原点的三维直角坐标差为 ΔX、ΔY、

ΔZ，则各点经三维转换后相对于原点的三维直角坐标差 ΔX_1、ΔY_1、ΔZ_1 为

$$\begin{Bmatrix} \Delta X_1 \\ \Delta Y_1 \\ \Delta Z_1 \end{Bmatrix} = Q_0 R_{地}(\mathrm{d}A, \mathrm{d}\beta) Q_0 \begin{Bmatrix} \Delta X \\ \Delta Y \\ \Delta Z \end{Bmatrix} \tag{5-72}$$

$$R_{地}(\mathrm{d}A, \mathrm{d}\beta) = \begin{Bmatrix} 1 & \mathrm{d}A & \cos\alpha_{地}\,\mathrm{d}\beta \\ \mathrm{d}A & 0 & \sin\alpha_{地}\,\mathrm{d}\beta \\ -\mathrm{d}\beta/\cos\alpha_{地} & 0 & 1 \end{Bmatrix} \tag{5-73}$$

$$Q_0 = \begin{Bmatrix} -\cos L_0 \sin B_0 & -\sin L_0 & \cos L_0 \cos B_0 \\ -\sin L_0 \sin B_0 & \cos L_0 & \sin L_0 \cos B_0 \\ \cos B_0 & 0 & \sin B_0 \end{Bmatrix} \tag{5-74}$$

经三维变换后各点在国家大地坐标系内的三维直角坐标为

$$\begin{cases} X_1 = X + \Delta X_1 \\ Y_1 = Y + \Delta Y_1 \\ Z_1 = Z + \Delta Z_1 \end{cases} \tag{5-75}$$

据此可得建筑施工 GPS 定位各点在国家大地坐标系内的大地坐标 B_1、L_1、H_1。

3）将 GPS 定位成果经不同空间直角坐标系转换至国家大地坐标系

GPS 定位成果至国家大地坐标系的转换是通过三维大地坐标系统进行的。该转换要利用大地主题解算公式求解大地方位角，再利用大地测量微分方程进行大地坐标的变换，三维变换中还要通过建立站心坐标系计算有关转换量，显然，上述转换模型虽比较复杂，但通过计算机编程仍不失为一种较好的处理方法。除此之外，建筑施工 GPS 定位成果还可以经不同空间直角坐标系转换至国家大地坐标系。

①七参数法的坐标转换

应用七参数转换公式式（2-16）进行坐标转换时，GPS 网与地面网应有三个以上的重合点。

当建筑施工 GPS 网选定基准点的坐标后，便可由基准点的坐标值和基线向量的平差值计算各 GPS 点的 WGS－84 坐标值 $(XYZ)_G$，重合点在地面网中的坐标由 $(BLH)_D$ 换算 $(XYZ)_D$，最后将重合点的两套坐标值带入七参数公式（2－16）解算转换参数（3 个坐标平移参数，3 个旋转参数，1 个尺度比参数）。重合点多余 3 个时，一般用平差的方法进行求解转换参数。转换参数求出后，再用式（2－16）计算各 GPS 点在国家坐标系中的坐标，以此实现 GPS 定位结果至国家坐标系的转换。

②局部地区应用坐标差求解转换参数的方法

在建筑施工 GPS 定位结果中，经基线向量网平差后获得高精度的基线向量 $(\Delta X\ \Delta Y\ \Delta Z)_G$。在重合点中选定一点为原点，分别求出各 GPS 点对原点的坐标差，同时也求出地面网点对原点的坐标差，然后利用式（2－18）求出尺度比与三个旋转角参数。再利用这 4 个转换参数，便可求出各 GPS 点转换至国家坐标系中的三维坐标值。

5.4　GPS 高程

GPS 高程在高层建筑施工中具有非常重要的作用。通常，由 GPS 相对定位可得到基线向量，通过 GPS 网平差，可以得到高精度的大地高高差。若 GPS 网中有一点或多点具有精密的水准高程，则在范围不大的建筑施工区域，可以直接由大地高高差得到各 GPS 点的高程。

在建筑施工定位时，建筑物上测设点的高程采用正常高系统。测设点的正常高 H_r 是测设点沿铅垂线至似大地水准面的距离。显然，将 GPS 大地高 H_{84} 转换为正常高 H_r 成为高层建筑施工测定高程的关键。图 5－4 为大地高与正常高之间的关系，在已知各建筑施工 GPS 点的大地高 H_{84} 和正常高 H_r 之后，则可以求得各点的高程异常，即：

$$\xi = H_{84} - H_r \qquad (5-76)$$

式中 ξ——似大地水准面至椭球面间的高差，也叫高程异常。

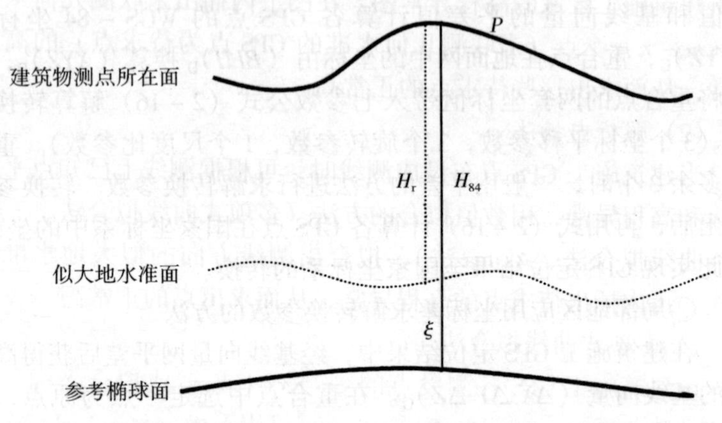

图 5-4 大地高与正常高的关系

由式（5-76）可知，采用 GPS 定位要获得高精度的正常高 H_r，需要知道高精度的大地高 H_{84} 和高程异常 ξ。然而，由于 GPS 单点定位误差较大，在一般的测区又不可能存在高精度的 GPS 大地高基点，另外，高精度的高程异常 ξ 值也不容易得到，所以，实用上为精确获得建筑施工各 GPS 测点的正常高 H_r，一般可采用 GPS 水准高程、GPS 重力高程等方法进行确定。

5.4.1 GPS 水准高程

GPS 水准高程即是利用 GPS 和水准测量成果确定似大地水准面的方法。采用 GPS 水准高程是确定 GPS 点正常高的主要方法。目前，国内外用于 GPS 水准计算的方法有：绘等值线图法、解析内插法、曲面拟合法等。

(1) 绘等值线图法

在建筑工程施工区域，设有 m 个 GPS 点，用几何水准联测其中 n 个点的正常高，根据 GPS 观测获得点的大地高，按式(5-76)求出 n 个已知点的高程异常。然后，选定合适的比例尺，按 n 个已知点的平面坐标（平面坐标经 GPS 网平差后获得），展绘在图纸上，并标注上相应的高程异常，再用1~5cm的等高距，绘出建筑施工区域的高程异常图。在图上内插出未联测几何水准的（$m \sim n$）个点（未联测几何水准的GPS点为待求点）的高程异常，从而求出这些待求点的正常高。

(2) 解析内插法

当建筑施工GPS点布设成测线时，可根据测线上已知点平面坐标和高程异常，用数值拟合的方法（多项式曲线拟合法、三次样条曲线拟合法、Akima法），拟合出测线方向的似大地水准面曲线，再内插出待求点的高程异常，从而求出点的正常高。

1）多项式曲线拟合法

设建筑施工GPS各测设点的 ξ 与 x_i（或 y_i 或拟合坐标）存在的函数关系（$i=0, 1, 2, \cdots, n$）可用下面 m（$m \leqslant n$）次多项式进行拟合：

$$\xi(x) = a_0 + a_1 x + a_2 x^2 + \cdots + a_m x^m \quad (5-77)$$

约束条件：

$$R_i = \xi_m(x_i) - \xi_i$$

$$\Sigma R_i^2 = \min$$

即可求出各点的 ξ，从而获得点的 H_r。

2）三次样条曲线拟合法

当建筑施工GPS测线较长且已知点多，ξ 变化大时，按 $\Sigma R_i^2 = \min$ 求解的 a_i 误差会增大，此时，可采用分段计算的方法，以三次样条曲线拟合法进行拟合。设过建筑施工GPS测线上的 n 个已知点，ξ_i 和 x_i（或 y_i 或拟合坐标）在区间 $[x_i, x_{i+1}]$（$i=0, 1, 2, \cdots, n-1$）上有三次样条函数关系

$$\xi(x) = \xi(x_i) + (x - x_i)\,\xi(x_i, x_{i+1}) + (x - x_i)(x - x_{i+1})\,\xi(x, x_i, x_{i+1}) \quad (5-78)$$

式中 x——待求点坐标；

x_i，x_{i+1}——待求点两端已知点的坐标；

$\xi(x_i, x_{i+1})$——一阶商。

$$\xi(x_i, x_{i+1}) = (\xi_{i+1} - \xi_i) / (x_{i+1} - x_i)$$

$\xi(x, x_i, x_{i+1})$ 是二阶商，

$$\xi(x, x_i, x_{i+1}) = [\xi''(x) + \xi''(x_i) + \xi''(x_{i+1})]/6$$

3）Akima 法

在建筑施工 GPS 测线上两个已知点间内插时，除用这两个已知点外，还需用两已知点外 2 点，使拟合出的似大地水准曲线光滑，函数连续。设有 6 个已知点（$i=1,2,3,4,5,6$），若需要在 3 号和 4 号点之间内插任一待求点，其计算公式为：

$$\xi(x) = P_0 + P_1(x - x_3) + P_2(x - x_3)^2 + P_3(x - x_3)^3 \quad (5-79)$$

其中，

$$\begin{cases} P_0 = \xi_3 \\ P_1 = t_3 \\ P_2 = [3(\xi_4 - \xi_3)/(x_4 - x_3) - 2t_3 - t_4]/(x_4 - x_3) \\ P_3 = [t_3 + t_4 - 2(\xi_4 - \xi_3)/(x_4 - x_3)]/(x_4 - x_3)^2 \end{cases} \quad (5-80)$$

式（5-80）中的 t_3、t_4 为 3 号和 4 号点实测要素的斜率，t_3 用 1、2、3、4、5 已知点计算，t_4 用 2、3、4、5、6 已知点计算，其计算公式为：

$$t_i = \frac{(|m_{i+1} - m_i| \cdot m_{i-1} + |m_{i-1} - m_{i-2}| \cdot m_{i-1})}{(|m_{i+1} - m_i| + |m_{i-1} - m_{i-2}|)} \quad (5-81)$$

式中，$i=3,4$。

$$m_i = (\xi_{i+1} - \xi_i)/(x_{i+1} - x_i) \quad (5-82)$$

当式（5-81）中的分母为零时，$t_i = 1/2\,(m_{i-1} + m_i)$ 或 $t_i = m_i$。

（3）曲面拟合法

在建筑施工中，当 GPS 点布设成一定区域面时，便可以用曲面拟合法求定待定点的正常高。即：根据建筑工程测区中已知点的平面坐标 x、y（或大地坐标 B、L）和 ξ 值，用数值拟合法，拟合出测区似大地水准面，再内插出待求点的 ξ，从而求出待求点的正常高。

1）多项式曲面拟合法

设点的高程异常值 ξ 与平面坐标 x、y 的关系为：

$$\xi = f(x, y) + \varepsilon \tag{5-83}$$

式中，$f(x, y)$ 为 ξ 中趋势值，ε 为误差。

设

$$f(x, y) = a_0 + a_1 x + a_2 y + a_3 x^2 + a_4 y^2 + a_5 xy + \cdots$$

写成矩阵形式：

$$\xi = XB + \varepsilon \tag{5-84}$$

其中，

$$\xi = \begin{pmatrix} \xi_1 \\ \xi_2 \\ \cdots \\ \xi_n \end{pmatrix}, B = \begin{pmatrix} a_1 \\ a_2 \\ \cdots \\ a_n \end{pmatrix}, \varepsilon = \begin{pmatrix} \varepsilon_1 \\ \varepsilon_2 \\ \cdots \\ \varepsilon_n \end{pmatrix}, X = \begin{pmatrix} 1 & x_1 & y_1 & {x_1}^2 & \cdots \\ 1 & x_2 & y_2 & {x_2}^2 & \cdots \\ \cdots & \cdots & \cdots & \cdots & \cdots \\ 1 & x_n & y_n & x_n^2 & \cdots \end{pmatrix}$$

对于每个已知点，都可列出上述方程，在 $\Sigma\varepsilon^2 = \min$ 条件下，求解出 a，再按式（5-84）求解出待求点的 ξ，从而求出正常高程 H_r。

2）多面函数法

设点的高程异常值 ξ 与平面坐标 x、y 的关系为：

$$\xi = \sum_{i=1}^{m} a_i Q(x, y, x_i, y_i) \tag{5-85}$$

式中　　a_i——待定系数；

$Q(x, y, x_i, y_i)$——核函数；

x，y——待求点坐标；

x_i，y_i——已知点坐标。选择

$$Q(x, y, x_i, y_i) = [(x - x_i)^2 + (y - y_i)^2 + \delta]^{1/2}$$

当待求点等于已知点数时，任一点的高程异常值 ξ_P 为：

$$\xi_P = Q_P Q^{-1} \xi$$

当待求点多于已知点数时，任一点的高程异常值 ξ_P 为：

$$\xi_P = Q_P (Q^T Q)^{-1} Q^T \xi$$

(4) 建筑施工 GPS 水准高程应用分析

1) 多项式曲面拟合精度评定

在建筑施工 GPS 定位时，为了能对 GPS 水准计算精度进行评定，应在做布设几何水准联测方案设计时，适当多布置若干个 GPS 点，其点位应均匀分布在建筑施工定位的全网中，以作外部检核用。

①内符合精度

由参与拟合计算已知点的 ξ_i 值与拟合值 ξ_i'，用 $V_i = \xi_i' - \xi_i$ 求拟合残差 V_i，其 GPS 水准拟合计算的内符合精度为：

$$\mu = \pm \sqrt{[VV] / (n-1)} \tag{5-86}$$

式中 n——V 的个数。

②外符合精度

由检验点的 ξ_i 值与拟合值 ξ_i' 之差，可计算出 GPS 水准外符合精度为：

$$M = \pm \sqrt{[VV] / (n-1)} \tag{5-87}$$

③GPS 水准精度评定

根据检核点至已知点的距离 L（单位：km），按表 5-2 计算检核点拟合残差的限值，以此来评定 GPS 水准所能达到的精度。

除上述方法外，还可以用 GPS 水准求出的 GPS 点间的正常高程差，在已知点间组成附合或闭合高程导线，按计算的闭合差 W 与表 5-2 中允许残差比较，来衡量 GPS 水准达到的精度。

GPS 水准限差 表 5-2

等　级	允许残差
三等几何水准测量	$\pm 12\sqrt{L}$
四等几何水准测量	$\pm 20\sqrt{L}$
普通几何水准测量	$\pm 30\sqrt{L}$

④外围点的精度估算

理论上各种拟合模型都不宜外推，但在建筑施工定位时，GPS 点不可能全部包含在已知点连成的几何图形内。对此，需要将 GPS 水准计算外推，外推点的残差 V 可用下式估算：

$$V = a + c \cdot D \tag{5-88}$$

式中 $c = (\Sigma DV - \Sigma D \Sigma V/n)/[\Sigma D^2 - (\Sigma D)^2/n]$；

$a = \Sigma V/n - c\Sigma D/n$；

D——待求点至最近已知点的距离（单位：km）；

a、c——外推残差计算系数。

2）GPS 水准高程在建筑施工中的应用分析

绘等值线图法是最早的 GPS 水准方法，也是建筑施工 GPS 高程测定的首选方法，具有操作简单，实用性强等特点。此外，解析内插法亦是一种常用的方法。由于建筑占地面积一般不是很大，其施工区域也不会很大，因此，一般情况下，采用曲面拟合法会在操作层上增加许多测点，其新增测点点位往往由于受建筑物平面的不规则性及操作层上其他工种人员及设备材料的等多种因素的影响而不好确定，因此，在建筑施工 GPS 高程测定中，最好不采用曲面拟合法。

5.4.2 GPS 重力高程

GPS 重力高程即是利用重力资料求定点的高程异常，结合 GPS 求出大地高，据此求得点的正常高。由物理大地测量学可知，建筑高程待定点 P 的扰动位 T 与该点引力位 V 和正常引力位 U 之间的关系为：

$$T = V - U$$

待定点 P 的高程异常 ξ 为：

$$\xi = T/r$$

式中 r——待定点 P 的正常重力值。

$$V = GM/\rho\left[1 + \sum_{n=0}^{\infty}\sum_{m=0}^{n}(a/\rho)^n(C_{nm}\cos mL + S_{nm}\sin mL) \cdot P_{nm}(\sin B)\right] \tag{5-89}$$

式中 ρ、B、L——待定点 P 的矢径、纬度、经度；

C_{nm}、S_{nm}——位系数；

$P_{nm}(\sin B)$——勒让德系数；

n——阶；

m——次。

当 n 越趋向无穷大，式（5-89）的计算值越趋于正确。目前，国际上 n 已求到 360 阶次。我国 wdm89 模型，除利用国外资料外，用了国内 5 万多个重力点资料，其在沿海平原地区计算 ξ 可达 cm 级精度，山区为 0.2m 精度，其他地区为 1.0~1.5m 左右，显然，这样的精度不满足建筑施工高程测定的要求，解决方法是利用 GPS 水准高程的高精度与重力场模型相结合来提高其精度。即：先按重力场模型计算地面点 P 的高程异常 ξ_P。在 GPS 网中再联测部分点的几何水准，得到这些点的高程异常 ξ，即可求出联测点的两种高程异常差 $\Delta\xi$：

$$\Delta\xi = \xi - \xi_P$$

由联测点平面坐标和 $\Delta\xi$，按曲面拟合方法推求其他点的 $\Delta\xi$，从而求出点 P 的正常高：

$$H_r = H_g - \xi_P - \Delta\xi \tag{5-90}$$

从上面论述可见，采用重力高程通过 GPS 水准高程与重力场模型相结合来解决建筑工程的高程测定，仍不失为一种有效方法。

第 6 章　建筑施工 GPS 定位的误差分析

6.1　概　　述

建筑施工中应用 GPS 进行定位测量的误差源一般可分为以下三种类型（具体详见表 6-1）：

1）与 GPS 卫星有关的误差。主要包括卫星星历误差、卫星钟的误差、相对论效应影响等。

2）信号传播误差。主要是信号通过电离层和对流层的影响，另外，还有信号传播的多路径效应的影响。

3）观测误差和地面接收设备的误差。

在建筑施工 GPS 定位中出现的各种误差，如果按误差性质可分为系统误差（偏差）和偶然误差两大类。系统误差主要包括卫星的星历误差、卫星钟差、接收机钟差以及大气折射误差等；偶然误差主要包括信号的多路径效应。其中系统误差无论是从误差的大小，还是对定位结果的危害性都比偶然误差要大得多。系统误差一般存在着某种规律性，可以采取一定的措施加以消除。同时，偶然误差也可以通过适当方式得到消弱。

GPS 定位误差源及其影响　　　　**表 6-1**

误差来源		对测量距离的影响(m)
与卫星有关的误差	卫星星历误差、卫星钟钟差、相对论效应	1.5～15
信号传播误差	电离层、对流层、多路径效应	1.5～15
信号接收误差	观测误差、接收机钟差、接收机位置误差、天线相位中心位置的偏差	1.5～5
其他影响	地球自转、地球潮汐、负荷潮	1.0

6.2 与卫星有关的误差

与 GPS 卫星有关的误差主要包括卫星星历误差、卫星钟误差及相对论效应影响。

6.2.1 卫星星历误差分析

由广播星历或其他轨道信息所给出的卫星位置与卫星的实际位置之差称为卫星星历误差。星历误差的大小主要取决于卫星定轨系统的质量，如定轨站的数量及其地理分布；观测值的数量及精度；定轨时所用的轨道模型及软件的完善程度等。此外与星历的外推间隔也有直接关系。

由于卫星在运动过程中要受到多种摄动力的复杂影响，而通过地面监测站又难以充分可靠地测定这些作用力并掌握它们的作用规律，因此，在星历预报时会产生较大的误差。在一个观测时间段内星历误差属系统误差特性，是一种起算数据误差。它将严重影响建筑施工定位的精度，也是建筑施工中相对定位的重要误差源。

(1) 星历数据来源

卫星星历的数据来源有广播星历和实测星历两类。

1）广播星历

广播星历是卫星电文中所携带的主要信息。它是根据 GPS 控制中心跟踪站的观测数据进行外推，通过 GPS 卫星发播的一种预报星历。由于一般用户尚不能充分了解作用于卫星上的各种摄动因素的大小及变化规律，所以预报数据存在着较大的误差。目前，从卫星电文中解译出来的星历参数共 17 个，每 h 更换 1 次。由这 17 个星历参数确定的卫星位置精度约为 20~40m，有时可达 80m。全球卫星定位系统正式运行后，启用全球均匀分布的跟踪网进行测轨和预报，此时由星历参数计算的卫星坐标可能精确到 5~10m。由于美国的 GPS 政策，向全球所有用户开放的标准定位服务的精度被人为地大幅度降低，一般用户很难从系统的改善中获得应有的精度。

2）实测星历

实测星历是根据实际观测资料进行事后处理而直接得出的星历。由于未经外推，所以精度较高。这种星历要在观测后 1~2 个星期才能得到，因此它对动态定位无实际意义，但是可以用于静态定位。另外，GPS 卫星为高轨卫星，区域性的跟踪网也能获得很高的定轨精度，因此，许多国家和组织都在建立自己的 GPS 卫星跟踪网并开展独立的定轨工作。

(2) 星历误差对定位的影响

1）对单点定位的影响

对式（3-2）在测站近似坐标（X_0，Y_0，Z_0）处用级数展开，得线性化的伪距观测方程：

$$l_i \mathrm{d}X + m_i \mathrm{d}Y + n_i \mathrm{d}Z + CV_{\mathrm{Tb}} = L_i (i = 1,2,3,\cdots) \quad (6-1)$$

式中，$l_i = (X_{\mathrm{si}} - X_0)/\rho_0$；$m_i = (Y_{\mathrm{si}} - Y_0)/\rho_0$；

$n_i = (Z_{\mathrm{si}} - Z_0)/\rho_0$

$L_i = \rho_0 - [\rho_i + (\delta\rho)_{\mathrm{ion}} + (\delta\rho)\ \mathrm{trop} - CV_{\mathrm{ta}}^i]$

若由于卫星星历误差而使 $(\rho_0)_i$ 有了增量 $\mathrm{d}\rho_i$，由此引起的测站坐标误差为（δ_{X}，δ_{Y}，δ_{Z}），引起的接收机钟差为 δ_{T}，则（δ_{X}，δ_{Y}，δ_{Z}，δ_{T}）和 $\mathrm{d}\rho_i$ 之间有下述关系：

$$l_i\delta_{\mathrm{X}} + m_i\delta_{\mathrm{Y}} + n_i\delta_{\mathrm{Z}} + C\delta_{\mathrm{T}} = \mathrm{d}\rho_i (i = 1,2,3,\cdots) \quad (6-2)$$

式（6-2）表明，卫星误差在测站至卫星方向上影响测站坐标和接收机钟差改正数。其影响量取决于 $\mathrm{d}\rho_i$ 的大小，具体的配赋方式则与卫星的几何图形有关。广播星历误差对两站坐标的影响一般可达数米、数十米甚至上百米。

2）对相对定位的影响

GPS 相对定位是建筑施工定位测量和高程测定的主要方式。在相对定位中，因星历误差对两测站的影响具有很强的相关性，所以在求坐标差时，共同的影响可自行消去，从而获得精度很高的相对坐标。星历误差对相对定位误差的影响可采用下述公式估算：

$$db/b = ds/\rho \tag{6-3}$$

式中 b——相对定位的基线长；

db——卫星星历误差所引起的基线误差；

ds——星历误差；

ρ——卫星至测站的距离。

工程实践表明，经数小时观测后，基线的相对误差约为星历相对误差的1/4。当“SA”措施实施时，基线相对误差可能会增大。但就广播星历而言，也能保证具有1~2ppm的相对定位精度。

(3) *星历误差的解决方法*

在建筑施工GPS定位时，星历误差的解决方法主要有卫星跟踪网独立定轨法、轨道松弛法、同步观测求差法等。

1）卫星跟踪网独立定轨法

为摆脱美国“SA”政策的限制，建立自己的GPS卫星跟踪网，进行独立的定轨，是解决星历误差的重要方法。卫星跟踪网建成后，独立定轨可以使区域用户在非常时期内不受有意降低调制在C/A码上的卫星星历精度的影响，且使提供的精密星历精度可达到10^{-7}。

2）轨道松弛法

在建筑施工GPS定位的平差模型中将卫星星历给出的卫星轨道作为初始值，视其改正数为未知数，并同时求得测站位置及轨道的改正数。轨道松弛法通常有半圆弧法和短弧法，其使用有一定的局限性，通常不能作为GPS定位的一种基本方法，而是作为无法获得精密星历情况下某些部门采取的补救措施或在特殊情况下采取的措施。

3）同步观测求差法

此方法利用测区2个或多个观测站上对同一卫星的同步观测值求差，以减弱卫星星历误差的影响。由于同一卫星位置误差对不同观测站同步观测量的影响具有系统性质，因此，通过同步观测求差，可以将两站共同误差消除，如利用式（6-3），当b=

500m，$ds = 50m$，$\rho = 25000km$，则 $db = 1mm$，显然，可以有效地减弱星历误差的影响。

6.2.2 卫星钟误差分析

卫星钟误差包括卫星钟的钟差、频偏、频移等产生的误差，也包含钟的随机误差，是建筑施工 GPS 定位误差的主要来源之一。

（1）卫星钟误差产生原因

在建筑施工 GPS 定位时，无论是码相位观测还是载波相位观测，均要求卫星钟和接收机保持严格同步。尽管 GPS 卫星均设有高精度的原子钟（如铷钟和铯钟），但与理想的 GPS 时间之间仍存在着偏差或漂移，其偏差的总量一般在 1ms 以内，由此引起的等效距离误差约可达 300km。

（2）卫星钟误差的解决方法

卫星钟误差，一般可以通过对卫星钟运行状态的连续监测而精确确定，并表示为以下二阶多项式：

$$\Delta t_s = a_0 + a_1 (t - t_0) + a_2 (t - t_0)^2 \tag{6-4}$$

式中 t_0——参考历元；

a_0、a_1、a_2——卫星钟在 t_0 时刻的钟差、钟速、钟速变率。

上述参数由卫星地面控制系统根据前一段时间的跟踪资料和 GPS 标准推算出来，并通过卫星的导航电文提供给用户后，再加以改正。改正后，各卫星钟之间的同步差可保持在 20ns 以内，由此引起的等效距离偏差不会超过 6m。卫星钟差或经改正后的残差，在相对定位中可以通过观测量求差或差分的方法予以消除。

6.2.3 相对论效应影响分析

相对论效应是由于卫星钟和接收机钟所处的状态（运动速度和重力位）不同而引起的两台钟之间产生相对钟误差的现象。因此，将其归入与卫星有关的误差类中并不准确。但是由于相对论效应主要取决于卫星的运动速度和重力位，而且是以卫星钟的钟误差这一形式出现的，为方便计算暂时将其归入与卫星有关的误差类中。该误差对测码伪距观测值和载波相位观测值的影响是相同的。

(1) 狭义相对论产生的频率偏差

根据狭义相对论理论，一个频率为 f 的振荡器安装在飞行的载体上，由于载体的高速运动，对地面的观测者来说将产生频率偏移。因此在地面上具有频率为 f_0 的时钟，安设在以速度为 V_s 的运行卫星上后，频率将发生变化，其改变量为：

$$\Delta f_s = -V_s^2 f_0 / (2C^2) \tag{6-5}$$

式中 f_0——同一台钟的频率；

C——真空中的光速；

V_s——卫星在惯性坐标系中运动的速度。

$$V_s^2 = g a_m^2 / R_s$$

式中 g——地面重力加速度；

a_m——地球平均半径；

R_s——卫星轨道平均半径。

若将 GPS 卫星的平均运动速度 $\bar{V}_s = 3874\text{m/s}$，$C = 299792458\text{m/s}$ 代入式（6-5）中，可得：$\Delta f_s = -0.835 \times 10^{-10} f_0$。由此可见，卫星钟比静止在地球上同类钟要慢些，所以，因狭义相对论效应使卫星钟相对于接收机钟产生的频率偏差可视为 $\Delta f_1 = \Delta f_s = -0.835 \times 10^{-10} f_0$。

(2) 广义相对论产生的频率偏差

按广义相对论理论，处于不同等位面的振荡器，其频率 f_0 将由于重力位不同而产生变化，又称引力频移。由于广义相对论效应数量很小，在计算时可以将地球的重力位看成为一个质点位，同时略去日、月引力位。这样，若将同一台钟放在卫星上和放在地面上，其频率偏差为：

$$\Delta f_2 = \mu (r - R) f_0 / (C^2 r R) \tag{6-6}$$

式中 μ——万有引力常数和地球质量的乘积，其数值为 $\mu = 3.986005 \times 10^{14} \text{m}^3/\text{s}^2$；

R——接收机离地心的距离，取值为6378km；

r——卫星离地心的距离，为26560km。

将以上数据代入式（6-6）后可得 $\Delta f_2 = 5.284 \times 10^{-10} f_0$。

由此可以看出，对于GPS卫星而言，广义相对论效应的影响要比狭义相对论效应的大得多，且符号相反。总的相对论效应频率误差为：

$$\Delta f = \Delta f_1 + \Delta f_2 = 4.499 \times 10^{-10} f_0 \tag{6-7}$$

（3）相对论效应影响的处理

从上述分析可知，总的相对论效应会使1台钟放到卫星上去后频率比在地面时增加 $4.499 \times 10^{-10} f_0$，解决相对论效应最简单的办法是预先将卫星时钟频率降低 $4.499 \times 10^{-10} f_0$。卫星钟的标准频率为10.23MHz，只需将频率降为10.22999999545MHz，当卫星钟进入轨道受到相对论效应的影响后，频率正好变为标准频率。

在上面的讨论中，是取 $r = 26560$km，也就是说，是在GPS卫星轨道为圆轨道的假设条件下所得到的结论。然而，实际上，由于GPS卫星的轨道是椭圆轨道，因此卫星离地心的距离 r 以及卫星在惯性坐标系中运动的速度 V_s 均是随时间的变化而变化的，是时间的函数。所以在此时，可以将相对论效应误差看成是卫星轨道为圆时的相对论效应和卫星的非严格圆轨道引起的一个微小的附加偏差项的总和。在实际应用GPS定位时，相对论效应误差可以采用下述方法予以消除，即：采用预先将卫星时钟频率降低 $4.499 \times 10^{-10} f_0$ 的方法来克服圆轨道时的相对论效应；对于非严格圆轨道引起的一个微小的附加偏差，由计算式加以改正。

6.3 信号传播误差

信号传播误差主要包括电离层折射误差、对流层折射误差和多路径效应影响。

6.3.1 电离层折射误差分析

(1) 电离层折射误差

电离层是高度位于 50~1000km 之间的大气层。由于太阳的强烈辐射。电离层中的部分气体分子将被电离形成大量的自由电子和正离子。当 GPS（电磁波）信号穿过电离层时，信号的路径会产生弯曲，传播速度也会发生变化，此时，用信号的传播时间乘以真空中光速而得到的距离将不等于卫星至接收机间的几何距离，从而形成电离层折射误差，其误差的大小主要取决于电子总量和信号频率。其大小可用下式求得：

$$d_{ion} = -(40.28C/f^2)\int_s N_e ds \tag{6-8}$$

式中 N_e——电子密度（电子数/m^3）；

f——GPS 信号频率（Hz）；

C——真空中的光速。

对于 GPS 信号来讲，电离层折射误差在天顶方向最大可达 50m，在接近地平方向时（高度角为 20°）则可达 150m。因此，在工程测量包括建筑施工 GPS 定位时应对此误差加以改正，否则，会对定位精度产生严重损害。载波相位测量时的电离层折射改正和伪距测量时的改正数大小相同，但符号相反。

(2) 电离层折射误差的处理

在建筑施工 GPS 定位时，电离层折射误差的处理方法主要有：双频观测误差改正、电离层改正模型改正、同步观测值求差等。

1) 双频观测误差改正

从式（6-8）可知，GPS 信号通过电离层所产生的折射改正数与电磁波频率 f 的平方成反比。若分别用两个频率来发射卫星信号，这两个不同频率的信号就将沿着同一路径到达接收机。积分 $\int_s N_e ds$ 的值虽无法准确知道，但对这两个不同频率的信号来讲都是相同的。若令 $A = -40.28C\int_s N_e ds$，则 $d_{ion} = A/f^2$。

GPS 卫星采用两个载波频率，其中 $f_1 = 1575.42$MHz，$f_2 =$

1226.60MHz。现将调制在这两个载波上的 P 码分别表示为 P1 和 P2，由卫星至接收机的真正距离：

$$\begin{cases} S = \rho_1 + A/f_1^{\,2} \\ S = \rho_2 + A/f_2^{\,2} \end{cases} \qquad (6-9)$$

式中 ρ——信号传播的伪距，$\rho = C \cdot \Delta t$。

由于用调制在两个载波上的 P 码测距时，除电离层折射的影响不同外，其余误差影响都是相同的，因此，若用户采用双频接收机进行伪距测量，就能利用电离层折射和信号频率有关的特性，从两个伪距观测值中求得电离层折射改正量。最后可得改正后的真正距离：

$$\begin{cases} S = \rho_1 + 1.54576\ (\rho_1 - \rho_2) \\ S = \rho_2 + 2.54576\ (\rho_1 - \rho_2) \end{cases} \qquad (6-10)$$

2）电离层改正模型改正

为了满足高精度 GPS 定位的需要，Fritzk、Brunner 等人提出了电离层延迟改正模型。该模型考虑了折射率 n 中的高阶项影响以及地磁场的影响，并且是沿着信号传播路径来进行积分。对于单频接收机，为了减弱电离层的影响，一般采用导航电文提供的电离层模型加以改正。电离层模型是把白天的电离层延迟看成是余弦波中正的部分，而把晚上的电离层延迟看成是一个常数如图6-1，其中晚间的电离层延迟量（DC）及余弦波的相位项（T_P）均按常数来处理。而余弦波的振幅 A 和周期 P 则分别用一个三阶多项式来表示，即任一时刻 t 的电离层延迟 T_g：

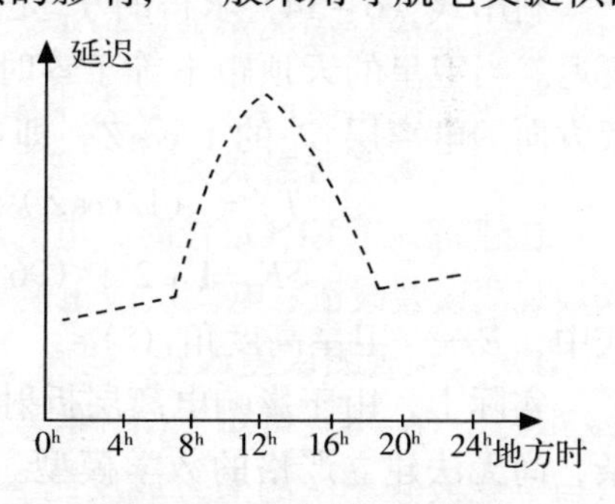

图 6-1 电离层改正模型

$$T_g = DC + A\cos\ (2\pi/P)\ (t - T_P) \qquad (6-11)$$

其中，$DC = 5\text{ns}$，$T_P = 14\text{h}$（地方时）
而

$$\begin{cases} A = \Sigma\alpha_n\phi_m^n \\ P = \Sigma\beta_n\phi \end{cases} \tag{6-12}$$

其中，α_n 和 β_n 为主控站根据一年中的第 n 天（共有 37 组反映季节变化的常数）和前 5 天太阳的平均幅射流量（共有 10 组数）总计 370 组常数中进行选择的。α_n 和 β_n 被编入导航电文向单频用户传播，用户可以直接取用。

其他量：

$$\begin{cases} t = UT + \lambda p'/15 \\ \phi_m = \phi p' + 11.6\cos（\lambda p' - 291°） \end{cases} \tag{6-13}$$

式中　UT——观测时刻的世界时；

$\phi p'$、$\lambda p'$——p'的地心经度和纬度。

令 $X =（2\pi/P）（t - T_P）$，$\cos X = 1 - x^2/2 + x^4/24$，则可得

$$T_g = \begin{cases} DC & |X| \geqslant \pi/2 \\ DC + A（1 - x^2/2 + x^4/24） & |X| < \pi/2 \end{cases} \tag{6-14}$$

利用式（6-14）求得的 T_g 是信号从天顶方向来时的电离层延迟。当卫星的天顶距不等于零时，电离层延迟 T_g' 显然应为天顶方向的电离层 T_g 的 $1/\cos Z$，即：

$$T_g' =（1/\cos Z）\cdot T_g = SF \cdot T_g \tag{6-15}$$

$$SF = 1 + 2［（96° - E）/90°］^3$$

式中　E——卫星高度角（°）。

实际上，由于影响电离层折射的因素很多，其机制又较为复杂，尚无法建立严格的数学模型。上述公式虽为近似计算公式，但计算较为简便，且不会损害结果精度。该计算模型反映的是全球的平均状况，实际应用时存在着一定的差异。实测资料表明，采用上述改正模型可以消除电离层折射的 75% 左右，这对于建筑施工 GPS 定位测量来说，已完全能够满足需要。

3）同步观测值求差

用2台接收机在基线的两端进行同步观测并取其观测量之差，可以减弱电离层折射的影响。因为当两观测站相距不太远时，由卫星至两观测站电磁波传播路程上的大气状况颇为相似，因此大气状况的系统影响便通过同步观测量的求差而减弱。

实测表明，该方法对于小于20km的短基线效果尤为明显，其经电离层折射改正后基线长度的残差一般为1ppm·D。在建筑施工GPS定位测量中，其基线长度均较短，在采用相对定位时，使用单频接收机也可以达到相当高的精度。所以，在建筑施工GPS定位测量时，采用同步观测值求差法来减弱电离层折射的影响，是一种经济实用的方法。

6.3.2 对流层折射误差分析

（1）对流层折射误差

对流层是高度为40km以下的大气底层，其大气密度比电离层更大，大气状态也更复杂。对流层与地面接触并从地面得到辐射热能，其温度随高度的上升而降低，GPS信号通过对流层时，也使传播的路径发生弯曲，从而使测量距离产生对流层折射误差。

对流层的折射与地面气候、大气压力、温度、湿度变化密切相关，这也使得对流层折射比电离层折射复杂得多。对流层折射的影响与信号的高度角有关，当在天顶方向（高度角为90°），其影响达2～3m；当在地面方向（高度角为10°），其影响可达20m。

（2）对流层折射误差的处理

对流层折射误差的处理通常采用模型经计算改正实现。其改正模型主要有霍普菲尔德模型、勃兰克模型、萨斯塔莫宁模型等。

1）霍普菲尔德（Hopfield）模型

$$\Delta S = K_d/\sin\ (E^2+6.25)^{1/2} + K_w/\sin\ (E^2+2.25)^{1/2} \tag{6-16}$$

其中，

$$
\begin{cases}
K_d = 155.2 \times 10^{-7} P_s\ (h_d - h_s)\ /T_s \\
K_w = 155.2 \times 10^{-7} \times 4810 e_s\ (h_d - h_s)\ /T_s^{\ 2} \\
h_d = 40136\text{m} + 148.72\ (\text{m}/°\text{C})\ (T_s - 273.16°)
\end{cases}
$$

式中　T_s——测站的绝对温度（K）；

P_s——测站的气压（MPa）；

e_s——测站的水气压（MPa）；

h_s——测站的高程（m）；

h_d——对流层外边缘的高度（m）；

E——卫星高度角（°）；

ΔS——对流层折射改正值（m）。

2）勃兰克（Black）模型

$$
\begin{aligned}
\Delta S = K_d\{[l-(l+(l-l_0)h_d/r_s)^{-2}\cos^2 E]^{1/2} - b(E)\} \\
+ K_w\{[l-(l+(l-l_0)h_w/r_s)^{-2}\cos^2 E]^{1/2} - b(E)\}
\end{aligned}
\tag{6-17}
$$

其中，

$$
\begin{cases}
K_d = 0.002312\ (T_s - 3.96)\ P_s/T_s \\
K_w = 0.20 \\
h_d = 148.98\ (T_s - 3.96) \\
h_w = 13000 \\
l_0 = 0.833 + \ [0.076 + 0.00015\ (T - 273)]^{-0.3\text{E}} \\
b\ (E)\ = 1.92\ (E^2 + 0.6)^{-1}
\end{cases}
$$

式中　r_s——测站的地心半径；

K_d、K_w、h_d、h_w、E、T 的意义同上。

3）萨斯塔莫宁（Saastamoinen）模型

$$
\Delta S = 0.002277[P_s + (0.05 + 1255/T_s)e_s - a/\text{tg}^2 E'] \tag{6-18}
$$

式中，$E' = E + \Delta E$；

$\Delta E = \ (16.00''/T_s)\ (P_s + 4810 e_s/T_s)\ \text{ctg}E$；

$a = 1.16 - 0.15 \times 10^{-3} h_s + 0.716 \times 10^{-8} h_s^{\ 2}$。

上述几种对流层延迟模型虽然形式各不相同，但用同一套气象数据代入后求得的天顶方向的对流层延迟的较差一般仅为几个毫米。当高度角 $E=15°$时，互差也只有几个厘米。理论分析与实践表明，目前采用的各种对流层折射改正模型，以能将对流层折射的影响减少 92%～95%。对于建筑施工 GPS 定位测量来说，其改正量已有足够的精度，当建立周密的改正措施后，便可保证工程需要。在建筑施工 GPS 定位测量中，减弱对流层折射改正残差影响，主要应做好下述工作：

① 采用上述模型对对流层折射误差加以改正，其气象参数应在建筑施工现场直接测定。

② 引入描述对流层影响的附加待估参数，在数据处理的同时求得残差改正量。

③ 利用同步观测量求差。由于建筑施工 GPS 定位测量所设的观测站相距远小于 20km，其施测时 GPS 信号通过对流层的路径相似，因此，对同一卫星的同步观测值求差，可以明显地减弱对流层折射的影响。

6.3.3 多路径效应影响分析

在建筑施工 GPS 定位测量时，如果测站周围的反射物质所反射的卫星信号（反射波）进入接收机天线，便将与直接来自卫星的信号（直接波）产生干涉，从而观测值偏离真值产生多路径误差。

(1) *多路径效应误差*

1）反射波引起的多路径效应误差

在工程测量中 GPS 天线接受到的信号是直射波和反射波产生干涉后的组合信号。反射物可以是地面、山坡、所施工的高层建筑及其临近的建筑物等。如图 6－2 所示，天线 A 同时收到来自卫星的直接信号 S 和经地面反射后的反射信号 S'。显然这两种信号所经过的路径长度是不同的，反射信号多经过的路径长度称为程差，用 Δ 表示，则：

$$\Delta = 2H\sin z \tag{6-19}$$

式中　H——天线离反射面的高度；

　　　z——反射波与反射面间的夹角。

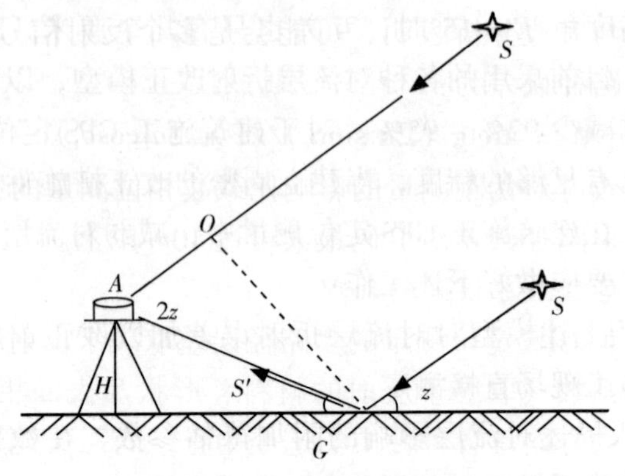

图 6-2　地面反射波

反射波与直射波之间的相位延迟 θ 为：

$$\theta = 4\pi H \sin z / \lambda \tag{6-20}$$

式中　λ——载波波长。

由于反射波一部分能量被反射面吸收、GPS 接收天线为右旋圆极化结构，也能抑制反射波，因此，反射波除了存在相位延迟外，信号强度一般也会减少。

2）载波相位测量的多路径误差

在 GPS 载波相位测量中，反射信号与直接信号经叠加后进入接收机，天线的实际接收信号为：

$$S = \beta U \cos(\omega t + \phi) \tag{6-21}$$

式中，

$$\begin{cases} \beta = (1 + 2a\cos\theta + a^2)^{1/2} \\ \phi = \mathrm{arctg}\{a\sin\theta / (1 + a\cos\theta)\} \end{cases} \tag{6-22}$$

式中　ϕ——载波相位测量的多路径误差；

　　　a——微波信号反射系数，其数值在 0~1 之间，0 表示信号完全被吸收不反射，1 表示信号被反射不吸收。

高层建筑施工 GPS 定位的反射系数应根据施工现场实际情况，经测试获得。可以得知，对 L_1 载波相位测量中的多路径误差的最大值为 4.8cm，对 L_2 载波相位测量中的多路径误差的最大值为 6.1cm。

经理论与实践分析表明，可能会是多个反射信号同时进入，此时，其多路径误差为：

$$\phi = \operatorname{arctg}\{(\Sigma a_i \sin\theta_i)/(1 + \Sigma a_i \cos\theta_i)\} \qquad (6-23)$$

多路径效应对伪距测量的影响比载波相位测量的影响要严重得多，此时多路径误差对 P 码最大可达 10m 以上。

(2) 多路径效应误差的处理

建筑施工 GPS 定位测量的多路径误差取决于反射物离测站的距离和反射系数（取决于反射的材料、形状及表面粗糙程度等）及卫星信号的方向等各种性质。迄今为止，尚无法建立准确的误差改正模型。较为有效的办法，一是选择恰当测站点位，避免信号反射物；二是对接收机天线做适当处理，以抑制反射信号的进入。

1）选择恰当测站点位

在建筑施工 GPS 定位测量时，处于施工作业面以外的地面上的测站点，要尽量远离大面积平静的水面，将其固设在草坪及表面较粗糙的道路、广场等地方。若测站点处于施工作业面以外的楼层面时，要考虑周围建筑物的反射状况，还要对反射系数较大的楼层面做一定的临时处理，如薄铺一层砂、炉渣、锯末等物质。若测站点处于施工作业楼层面上时，特别是在新浇的混凝土楼面上或在安放压型钢板后即进行施测时，要做好反射面的处理。另外，在 GPS 施测时，要禁止电焊作业，避免电弧对信号的影响，汽车不要停放在距测站点过近的地方，以免车身及车镜产生信号反射。

2）对接收机天线做适当处理

①在天线中设置抑径板

为了防止从地面或楼面反射的卫星信号进入天线产生多路径误差，可在接收机天线下配置抑径板（图 6－3）。若观测时截止高度角为 $Z_{限}$，则：

$$r = h/\sin Z_{限} \tag{6-24}$$

式中　r——抑径板的半径；

　　　h——抑径板的高度。

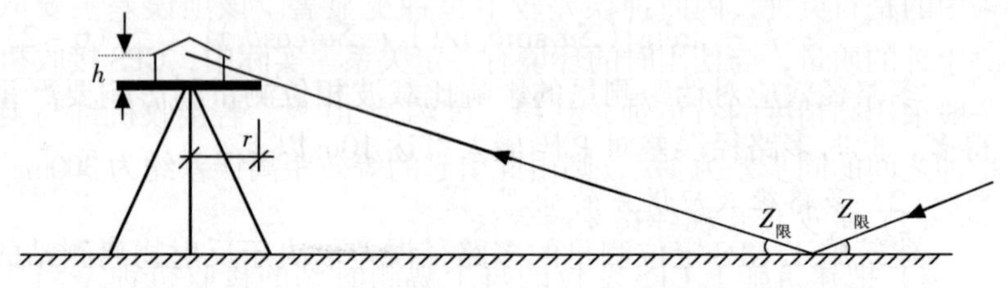

图 6-3　GPS 接收机天线抑径板

在高层建筑施工 GPS 定位时，若某一接收机天线相位中心至抑径板的高度为 70mm，截止高度角为 10°，（即当卫星的高度角小于 10°时便不观测）则抑径板的半径必须大于或等于 70mm/sin10° = 40cm。

②接收机天线对于极化特性不同的反射信号应该有较强的抑制作用

由于多路径误差 ϕ 是时间的函数，所以在静态定位中经过较长时间的观测后，多路径误差的影响可大为削弱。

6.4　接收设备误差

在建筑施工 GPS 定位时，除了要考虑与卫星有关的误差和信号传播误差影响外，还应考虑观测误差和地面接收设备误差。GPS 接收机的观测误差，主要取决于仪器性能及作业环境的优劣，一般而言，测量噪声的值远小于下述的各种偏差值，如果观测足够长的时间，观测误差的影响通常可以忽略不计。而接收设备误差主要有接收机钟误差、接收机位置误差、天线相位中心位置误差等。

6.4.1 接收机钟误差分析

(1) 接收机钟误差原因分析

与卫星钟一样，接收机钟也有误差。而且由于接收机中大量采用的是石英钟，因而钟误差较卫星钟更显著。该项误差主要取决于钟的质量，与使用时的环境有一定关系。实际中，GPS 接收机一般采用高精度的石英钟，其稳定度约为 10^{-11}。若接收机钟与卫星钟之间的同步差为 $1\mu_s$，则由此引起的等效距离误差约为 300m。

(2) 减少接收机钟误差的方法

1）把建筑施工 GPS 定位的每个观测时刻的接收机钟差当作一个独立的未知数，在数据处理时将其与观测站的位置参数一并求解。

2）认为各观测时刻的接收机钟差间是相关的，像卫星钟那样，将接收机钟差表示为时间的多项式，并在观测量的平差计算中求解多项式的系数。该方法可以大大减少未知数的个数，但这将涉及到在构成钟差模型时，对钟差特性所作假设的正确性。

3）在定位精度要求较高时，可以采用高精度的外接频标(即标准时间)，如铷原子钟或铯原子钟，可以提高接收机时间标准的精度。还可以利用观测值求差的方法有效地消除接收机钟差的影响。

6.4.2 接收机位置误差分析

接收机天线相位中心相对测站标石中心位置的误差，叫做接收机位置误差。它包括天线置平和对中误差、量取天线高误差等。

(1) 接收机位置误差原因分析

在建筑施工 GPS 定位测量时，由于施工操作面存在许多干扰因素，如机械作业、人员走动等，会造成天线置平和对中不准；在新搭设的模板等施工平台上进行楼板定位测量时，由于施工平台本身的刚度较差，这些都会对天线置平和对中产生影响，导致接收机位置误差，且该误差往往是无法准确计算的。由于施工平台本身的刚度较差、风的扰动、施测人员视觉差异等均会造成量取天线高误差。

(2) 减少接收机位置误差的方法

1）在施工作业面上进行 GPS 定位作业时，接收机布设位置在满足定位要求的前提下，尽量布设在受施工影响小的部位，以免造成接收机位置误差。

2）施工单位应做好施工进度安排。统筹 GPS 定位与建筑结构施工的进度。尽量保证 GPS 定位作业时，施工作业层上无其他工种作业，与测量无关的机械设备禁止在施测区域运行，与测量无关的人员禁止进入施测区域。

3）若风力在六级以下时，应有防风措施；若风力超过六级时，对于高层建筑施工，应暂停 GPS 测量作业。

4）施测人员必须仔细操作，以尽量减少接收机位置误差。

5）在进行变形监测时，应采用有强制对中装置的观测墩。

6.4.3 天线相位中心位置误差分析

(1) 天线相位中心位置误差原因分析

在 GPS 定位测量时，无论是测码伪距还是测相伪距，观测值都是以接收机天线的相位中心位置为准的，而天线的相位中心与其几何中心，在理论上应保持一致。然而，实际上天线的相位中心随着信号输入的强度和方向不同而有所变化，即观测时相位中心的瞬时位置（一般称视相位中心）与理论上的相位中心有所不同。天线相位中心的偏差对相对定位结果的影响，根据天线性能的好坏可达数毫米至数厘米。所以对于精密相对定位来说，此影响也是不可忽略的。而如何减少相位中心的偏移是 GPS 测量中一个重要的问题。

(2) 减少天线相位中心位置误差的方法

在建筑施工 GPS 定位测量时，如果使用同一类型的天线，在相距不远的 2 个或多个观测站点上对同一组卫星进行同步观测，那么，便可以通过观测值的求差来削弱相位中心偏移的影响。不过，此时各观测站点的天线均应按天线附有的方位标进行定向，使之根据罗盘指向磁北极。根据不同的精度要求，定向偏差应保持在 3°～5°以内。

第 7 章　建筑施工 GPS 定位控制应用实例

7.1　厦门建设银行大厦工程概况

7.1.1　建筑、结构概况

厦门建设银行大厦（如图 7－1 所示）位于厦门市老市区鹭江道与打铁街交叉处，地面以上 43 层，高度 172.6m，总建筑面积 $64725m^2$。该工程建设单位为厦门建盛房地产有限公司，建筑设计顾问为美国 ZGA 建筑师事务所，由上海建筑设计研究院设计，中国建筑第三工程局第三建筑工程公司厦门分公司组织施工。

图 7－1　施工中的厦门建设银行大厦

厦门建设银行大厦地貌为海积泥滩，后经回填作为旧城区。设计基本风压值 0.75kN/m²，场地地震烈度为 7 度。建筑场地地面标高为 +5.10m，建筑物基础采用人工挖孔灌注桩。裙房为钢筋混凝土框架结构，主楼为钢筋混凝土框架筒体结构，±0.00 以上外墙为 200mm 厚砖墙，筒体截面厚度为 300mm。主楼平面示意图如图 7－2 所示。幕墙部分采用铝板、花岗岩、玻璃等的组合。楼地面按使用部位的不同分别采用了水磨石、花岗岩、大理石、地砖等材料。地下室外墙贴卷材隔气层，面铺 50mm 厚的防水树脂珍珠岩隔热找坡层，再加水泥砂浆找平及 APP 防水卷材面层。对于上人屋面在防水卷材上再加细石钢筋混凝土刚性防水层并设地砖保护层。内墙面的做法有：纸筋灰墙面，水泥砂浆墙面涂料，矿棉吸音墙面、面砖、花岗岩墙面。外墙面主要为玻璃幕墙。

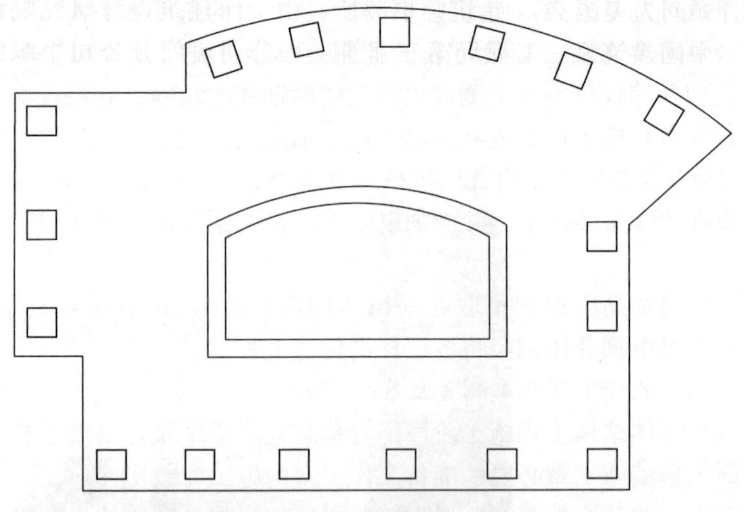

图 7－2　厦门建设银行大厦主楼平面示意图

7.1.2　施工测量概况

建筑施工测量放样主要采用常规的经纬仪、激光铅直仪等方法进行。与此同时，利用原水准点、控制点，进行了GPS定位测量试验工作，并以此对常规方法测试结果进行复核。本工程的常规施工测量放样方法如下：

(1) 地下室施工测量放线

根据建设单位提供的水准点、控制点，对原桩基施工及围护施工进行复核，对复核结果，建设有关各方应履行书面认可手续，并及时将复核结果交原设计单位及业主，若有问题应及时处理。施工单位按施工进度计划进场后，采用正倒镜投点法进行放线。把各轴线投测到基坑坑底，并埋好控制桩，经复核无误后，即可根据图纸进行建筑物的放样工作。

(2) 主体结构工程施工测量放线

根据工程的平面位置，分别设置主体结构工程施工阶段的主要控制点，在第3层（平地层）楼面上设轴线控制网，作为各层测量放线的基准点。使用经纬仪检测这些点的角度和距离，待其符合预定要求后，埋设可靠的控制点标示。施工地面以上楼层时，用经纬仪自下而上测设出施工层的轴线控制网，并以控制网为基准进行施工层其他柱、墙、梁的轴线放线工作，主体结构每5层垂直偏差用激光铅直仪校核，并及时调整偏差。控制网基准点设在第3层楼板上，并应加以妥善保护。基准控制网布设见图7-3。

建筑物高度控制采取在一层结构内，作出±0.05m的标志，然后通过电梯井用钢尺将各层标高传递上去。

(3) 装修工程施工测量放线

在主体结构工程施工阶段配合幕墙施工单位做好幕墙铁件预埋，为幕墙施工做必要的准备工作。室内施工时，房间放出纵横两个方向的装饰控制线，遇有铺贴面砖的房间，则应放出矩形框线。门窗洞口、吊顶、楼面、阴阳角等部分，必须在其附近放出水平、垂直两种控制线，门窗洞口还应投放控制门及窗安装面位置线，所有内墙、柱均应按结构施工时轴线和标高放出高出各层楼地面的0.5m的控制线。装饰施工必须严格按照控制线进行施工。卫生间等地面流水坡度坡向地漏方向，应在找平层时进行明确标识。

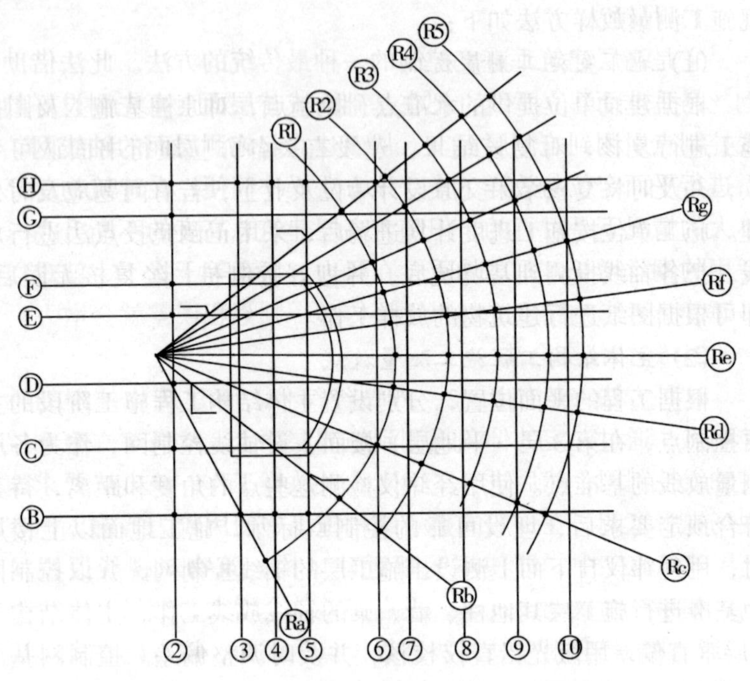

图 7－3　基准控制网布设

7.2　GPS 定位控制方案设计

7.2.1　概述

在高层建筑施工中，定位基准传递和轴线、垂直度控制是建筑施工质量控制的重点之一，其观测速度、精度和可靠性是满足工程设计的必要条件，同时，也直接影响着工程的整体施工进度和质量。

在传统的高层建筑基准传递中，通常是将平面和高程分开进行的。

(1) 平面基准传递的常用方法

1）吊锤法

它是高层建筑垂直度控制的一种最传统的方法。此法借助于钢丝吊垂球而建立垂线，把在基础面或首层面上事先测设好的轴线控制点引测到施测层面上，从而建立起施测层面的轴线网，然后进行平面定位与放样工作。该方法操作简便，在建筑物总高度不大的情况下是可行的，但随着高层建筑总高度的不断升高，吊锤用的钢丝增长，垂球加重，在风力、振动等干扰下，就难以使吊锤静止，影响精度。如果逐层传递，则累积误差就会增大。

2）经纬仪交会法

这种方法一般使用 J2、J6 型经纬仪，将建筑物外围的轴线控制点，通过一定的仰角投测到施测层面上，从而建立施测层面的轴线控制网，然后进行平面定位及放样工作。该方法要求施工现场视野宽阔，在一般的建筑结构施工中使用较为普遍。但在超高层建筑施工中，即使不受邻近建（构）筑物对视线通视的影响，如果经纬仪架设过远，投点误差就会增大；如果经纬仪架设过近，仰角就会很大，无法进行投点。因而，该方法在实际应用中受到一定的限制。

3）激光铅直仪投点法

激光铅直仪是随着高层建筑的建设高度越来越高和新技术的发展而提出并研制成的一种新型测量仪器。激光铅直仪投点法是当今超高层建筑施工测量中常用的一种方法。该方法实质上是将发射的激光束处于铅直位置，来实现测量基准的传递工作。实际中，首先将仪器置于竖向传递点上，进行对中、整平，使激光器的竖轴垂直，并要求仪器正上方的各层面上有预留孔。同时，在测设层面的预留孔上放置接收靶。然后，打开激光电源，向上投射激光束，根据接收靶上的光斑点来确定投点的中心位置。在高层建筑施工测量中，一般设置“矩形”的四个竖向传递点，通过激光投点与平面边长和角度校验相结合的办法，以避免错误并削弱误差。当建筑高度较高时，为了使下面各层能进行楼面装饰施工，通常要分几个阶段（一般高层建筑分 2~3 阶段）进行向上传递。另外，如果建筑物有不均匀沉降和倾斜时，其竖向传递还要采取其他相应的措施。

4）精密天顶基准法

该法的实质是利用具有竖盘自动补偿装置的精密测角仪器(标称补偿精度可达 ±1″~2″)，配合折角目镜（又称弯管目镜），以测天顶距的方法建立铅直基准，实现竖向投点。其具体应用与激光铅直仪投点法相类似，在高层建筑施工中一般采用内控法。

(2) 高程基准传递的主要方法

1）几何水准测量法

虽然高层建筑的整体高度很高，但它是分层进行施工的，每层的高度并不高，因此，可采用常规的几何水准测量法进行高程的逐层传递。

2）钢尺垂直量距法

该方法与地面精密量距方法大致相同，不同的是钢尺的方向由水平改为垂直。将钢尺悬挂在施工层面上的固定架上，零点端在下，并挂一与钢尺检定时同一拉力的垂锤，同时，在上、下部各设置一台水准仪和一把水准尺进行观测，对量测的钢尺距离要求进行尺长、温度与垂曲改正。

3）三角高程测量法

对于有全站仪设备的施工单位，可采用三角高程测量的方法实施高程基准传递工作。作业时，先在能够观测到施测层面的建筑物附近设一临时水准点，并引测水准高程。然后，进行往返对向观测以消除大气折射误差的影响，获取准确的高差。该方法又称为悬高测量法，即测定空中某点距地面的高度。

4）全站仪测高法

该方法是利用全站仪的优越性，在底层设站，配置好全站仪的竖盘角，使视准轴铅直，并在施测层面的预留孔上安置一反射棱镜，镜面朝下。然后进行距离测量，对使测得的垂直距离进行气象改正后，便可实现高程传递的目的。

随着现代建筑工程的高度增高，造型越来越复杂，对外观形体的质量要求也越来越高，为确保整个工程的施工进度、质量和成本，有必要寻求有效的、便捷的建筑定位测量新技术，以满足建筑施工的需要，同时也可为原有施工定位方法提供可靠的验证。

GPS 技术作为一种全新的定位手段，在工程控制测量中已逐步得到使用，其技术的先进性、优越性已为众多的工程技术人员所认同。GPS 定位技术的优点主要体现在不存在误差积累，精度高、速度快，全天候，无需通视，点位不受限制，并可同时提供平面和高程的三维位置信息。为确保建筑施工工程质量，提出应用 GPS 定位技术进行测量基准传递的技术要求，即任何施工高度面的绝对位置平面精度为 ± 5mm，高程精度为 ± 8mm。

厦门建设银行大厦施工中，在采用常规高层建筑施工测量方法的同时，将 GPS 技术用于测量基准传递和高程控制，同时，还利用 GPS 技术对大厦的日照变形和振幅、振动周期进行了观测。为该工程的设计和施工提供参考依据。

厦门建设银行大厦施工 GPS 定位控制方案设计主要包括定位观测准备工作、测量基准传递设计与实施、GPS 日照变形监测、GPS 动态变形监测等内容。

7.2.2 准备工作

(1) 了解设计意图、熟悉和校核图纸

本大厦工程的 GPS 测量人员会同工程项目有关设计、施工等部门人员，了解工程总体布局、定位与标高情况。通过对总平面图和设计说明的熟悉以及设计交底，了解工程总体布局、工程特点和设计意图。首先应了解工程所在地区的红线桩位置及坐标、周围环境与原有建筑物的关系、现场地形及拆迁情况（尤其是地下建筑物和地下管线等）；其次应了解建筑物的总体布局、朝向、定位依据、定位条件及建筑物主要轴线的间距及夹角；另外，还应了解水准点位置及标高、建筑物首层室内地坪 ± 0.000 的绝对标高（尤其是有几种不同标高的±0.000时）、整个场地的竖向布置（标高、坡度等）、绿化及道路、地上地下管线的安排等。

在掌握总图后，应进一步熟悉建筑施工图，以便对建筑物的平、立、剖面的形状、尺寸、构造有全面的了解。这是整个工程施工放线的依据。在此过程中，要特别注意轴线尺寸及各层标高与总图中有关部分的对应关系，从结施图中要着重掌握轴线尺寸、层高、结构尺寸（如墙厚、柱截面、梁截面和跨度、楼板厚等）。熟悉图纸时要以轴线图为准，对比基础、非标准层及标准层之间的轴线关系；还要注意对照建筑图，查看两者相关联部位的轴线、尺寸、标高是否对应，构造是否合理。熟悉设备图要结合土建图进行，尤其要注意设备安装对结构工程精度的要求，如预留件、预留空洞等。

(2) 了解施工部署，制定定位放线方案

1）了解施工部署

应从施工流水段的划分、开工次序、进度安排和施工现场暂设工程等方面了解本工程的布置。定位控制网按图7-3布设。

2）制定定位放线方案

根据设计要求和施工部署，制定切实可行的定位放线方案。它是保证定位放线工作顺利进行的重要措施。厦门建设银行大厦工程的定位放线方案应包括以下主要内容：工程概况、对定位放线的基本要求、场地测量准备工作、起始依据的校测、场地控制网的测设、建筑物定位和基础工程测量放线、±0.000以上的测量放线、特殊工程项目的测量工作、竣工测量与变形观测的要求与测法、验线工作、编制测量放线工作进度计划、仪器器材和记录表册需要量计划，并对测量人员的配备进行安排。测量放线方案是施工组织设计中的一部分，经批准后，即应按方案实施。

(3) 仪器的选择、检验

1）仪器选择

GPS接收机是完成定位任务的关键设备，其性能要求和所需的接收机数量与定位的精度有关，根据本工程的具体情况，分别采用了 Trimble 4000SSⅠ 型的双频 GPS 接收机 3 台套和 Trimble 4600LS 型的单频 GPS 接收机 4 台套。

2）仪器检验

观测中使用的所有接收设备，都必须对其性能与可靠性进行检验，合格后方能参加作业。接收机全面检验的内容，包括一般性检视、通电检验和试测检验。

(4) 仪器的测试工作

在高层建筑施工中，由于受施工场地和环境的特定影响，能否用 GPS 进行基准定位测量，其关键问题在于接收卫星信号的抗干扰程度和数据解算质量的好坏。为此，进行了如下的测试工作。

测试地点选择在校园内（如图 7－4 所示）。采用 3 台 Trimble 4000SSⅠ 型的双频 GPS 接收机，1 台设置在教学楼顶的一已知点上（*WC*01），另两台设置在有高钢标的附近（*WC*03、*WC*02 或 *WC*04），钢标高度约有 30m，并且其中 1 台接收机还临近一混凝土立柱（*WC*03）。这样做的目的在于模拟高层建筑施工场地的信号干扰源，如：施工塔吊、钢筋、混凝土立柱等。图 7－4 中，*WC*01 点至 *WC*02、*WC*03 和 *WC*04 各点的距离约为 310m。

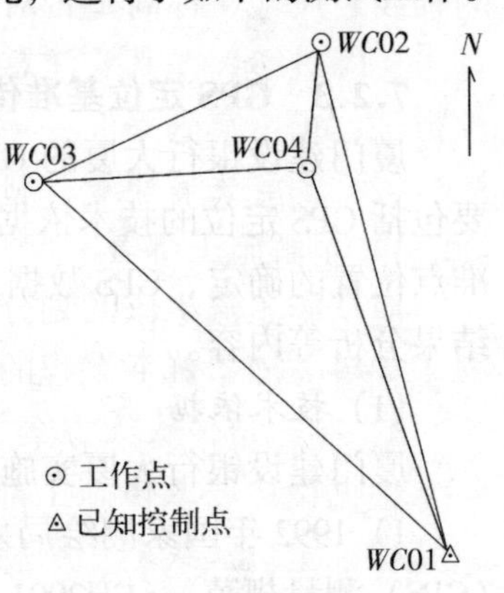

图 7－4　GPS 测量模拟试验略图

观测时间为 1999 年 12 月 24 日，共测了 2 个时段，时段观测时间长度为 1h。在两时段间，将 *WC*02 点移至 *WC*04 点。同时，用钢尺丈量了 *WC*02、*WC*03 和 *WC*04 三点间的平距。

观测数据经基线解算后，以 *WC*01 点的已知坐标为固定点，用 GPS 北方向作为固定方位，进行高斯投影与坐标变换便可得到各点的平面坐标。由平面坐标计算 *WC*02、*WC*03 和 *WC*04 三点间的边长与钢尺丈量值的比较见表 7－1。由表 7－1 可见，GPS

测量结果与钢尺直接丈量值的差值较小，对于非实测基线边也是一样，如 *WC*02 – *WC*04 边的边长仅差 1mm。这表明 GPS 在有钢筋、混凝土等干扰的环境条件下，按静态测量模式进行定位同样可获得较好的结果。

GPS 测量值与钢尺丈量值的比较　　表 7–1

边　号	钢尺丈量值(m)	GPS 测量值(m)	差值(mm)
*WC*02 – *WC*03	4.693	4.689	+4
*WC*02 – *WC*04	1.915	1.914	+1
*WC*03 – *WC*04	4.043	4.042	+1

7.2.3　GPS 定位基准传递技术

厦门建设银行大厦的 GPS 定位基准传递与基本项目的实施主要包括 GPS 定位的技术依据、GPS 定位基准的建立、GPS 定位基准点位置的确定、GPS 数据处理方法、GPS 定位基准传递及定位结果分析等内容。

(1) 技术依据

厦门建设银行大厦实施 GPS 定位的技术依据主要有：

1）1992 年国家测绘局发布的测绘行业标准《全球定位系统（GPS）测量规范》（CH2001—92）；

2）1997 年建设部发布的行业标准《全球定位系统城市测量技术规范》（CJJ73—97）；

3）建筑及结构施工图纸；

4）单位工程施工组织设计。

(2) GPS 定位基准的建立

GPS 技术的实施，首先需建立大地坐标系（WGS – 84 坐标系）与工程施工坐标系之间的转换关系，以供各次施测层的定位基准传递使用。

厦门建设银行大厦的建筑施工坐标系，是参照 92 厦门坐标系建筑场地的红线坐标而建立的，它是建设银行大厦工程施工的独立坐标系。为了放样方便，用于定位测量的 4 个基点设置在主体建筑物内（内控法）如图 7-5 所示，其施工设计坐标已知。GPS 基准传递点 *XM*03、*XM*04、*XM*05、*XM*06 为常规测量基准网控制点，参照图 7-3，其中 *XM*03 为 G、⑨轴线交汇点；*XM*04 为 C、⑨轴线交汇点；*XM*05 为 G、⑦轴线交汇点；*XM*06 为 C、⑦轴线交汇点。

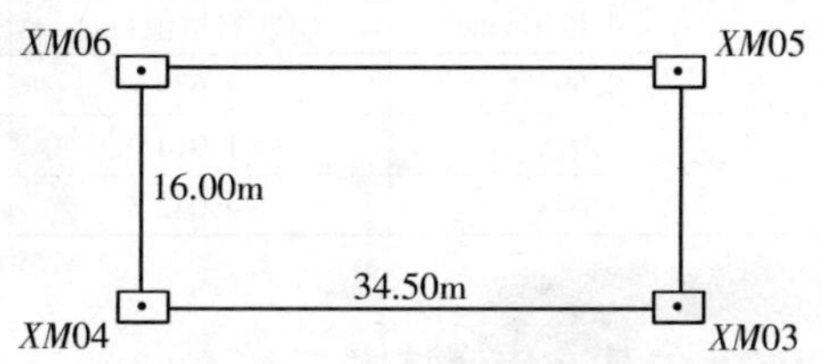

图 7-5　建筑施工基准传递点

针对建筑施工场地较小，建设工期短，定位精度要求较高等特点，在本工程的施工围墙外设置了 2 个相对稳定的临时基准点 *XM*01 和 *XM*02（图 7-6），以这 2 个临时基准点作为各次进行 GPS 基准传递的基准。这两个基点的主要作用在于：

1）每次测量时，固定其中的 1 点（如 *XM*01）作为起算点，固定该 2 点（*XM*01 ~ *XM*02）的方位作为起算方位，以确保每次 GPS 测量的基线解算和网平差有统一的起算基准和方位。起算点的位置坐标和起算方位由首次 GPS 测量确定。

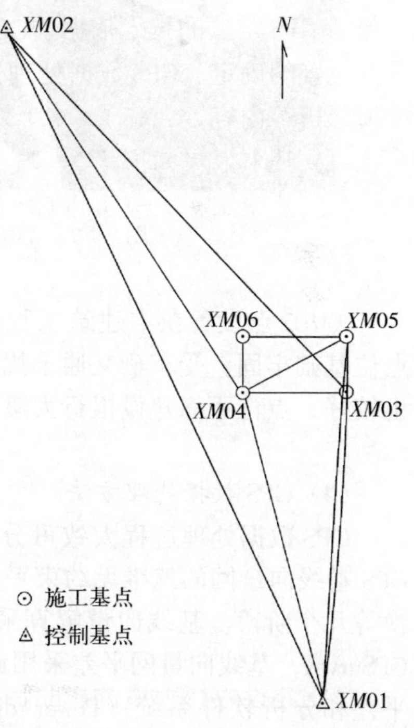

图 7-6　GPS 施工定位的基准

2）每次 GPS 定位成果的转换，采用统一的转换参数，以确保坐标转换成果的基准一致性，该转换参数由首次 GPS 测量确定。

(3) GPS 定位基准点的位置

*XM*01 点设置在本建筑工程外围的一栋 2 层高的业主办公楼屋面上，该楼屋面便于设点、使用和保护。点位距离本建筑主体工程约 90m，天空通视状况良好，如图 7－7 所示。

图 7－7　*XM*01 基准点位置

*XM*02 点设置在本建筑工程施工围墙外的一混凝土路面上，点位基础牢固，受车辆交通干扰不大，便于设点，天空通视状况也较好，点位距离建设银行大厦主体工程约 140m，如图 7－8 所示。

(4) GPS 数据处理方法

GPS 数据处理过程大致可分为 GPS 观测数据基线向量解算、GPS 基线向量网的三维无约束平差和二维约束平差、使用坐标转换等几个阶段。基线向量解算采用 Trimble 公司的随机解算软件 GPSurvey，基线向量网平差采用武汉测绘科技大学开发的 GPS 网平差和分析软件系统（PowerAdj），坐标转换由自编程序实现。GPS 观测数据处理的流程图可用图 7－9 描述。

图 7-8　XM02 基准点位置

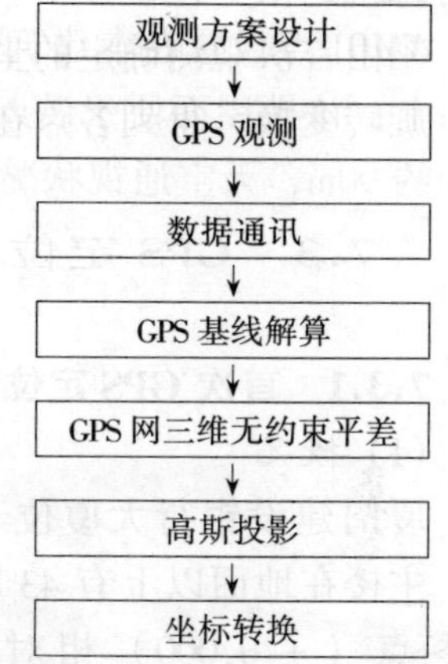

图 7-9　GPS 定位工作流程图

1）首次 GPS 定位数据处理方法

首次 GPS 定位的目的在于确定 *XM*01 和 *XM*02 两个固定基点的坐标位置和 GPS 定位成果的坐标转换参数，其数据处理的主要过程为：

① 基线向量解算；

② 固定 *XM*01 点的 GPS 网三维无约束平差；

③ 以测区在 WGS-84 坐标系中的平均经度作为中央子午线，GPS 北方位作为固定方位，进行高斯投影与坐标变换可得到各点的平面坐标；

④ 在施工坐标系中，以 *XM*03 点作为固定点，*XM*03 ~ *XM*04 的方位作为固定方位，对上述平面坐标进行平移、旋转变换，便可得到 *XM*01 和 *XM*02 两点在施工坐标系中的坐标。

2）非首次 GPS 定位数据处理方法

①基线向量解算；

②固定点 *XM*01（其坐标与首次相同）的 GPS 网三维无约束

平差；

③以首次确定的中央子午线和 *XM*01、*XM*02 两点平面坐标进行二维约束平差；

④由首次观测确定的坐标转换参数，对上述平面坐标进行平移、旋转变换，得到各点在施工坐标系中的坐标。

7.3 GPS 定位基准传递的实践与结果

7.3.1 首次 GPS 定位成果报告

(1) 概况

厦门建设银行大厦位于厦门市老市区鹭江道与打铁街交口处，主楼在地面以上有 43 层，地上总高度为 172.6m，建筑标高的零点（±0.000）相对于黄海高程 4.800m，总建筑面积 $64725m^2$。为了满足超高层建筑快速、高效、优质的现代施工要求，该工程于 1999 年 12 月 29 日，当建筑主体工程施工到第 10 层（标高约 38.65m）时，实施了第一次 GPS 定位测量工作。

(2) 方案设计

首次 GPS 定位测量的主要目的在于建立世界大地坐标系（即：WGS－84 坐标系）与建筑工程施工坐标系之间的关系，供以后各层楼面（建筑高程面）的测量基准传递使用。

厦门建设银行大厦工程的建筑施工坐标系，是参照 92 厦门坐标系，利用若干点的红线坐标，考虑了建筑物本身相对位置的正确性而建立起来的，它是一个建筑工程施工的独立坐标系。为放样方便，其测量的 4 个基点设置在主体建筑物内，施工坐标已知。在工程的初始阶段，由于未考虑今后会用其他测量手段（如 GPS）进行控制及放样的试验工作，在建筑物的外围没有设置相应的施工放样基点，从而无法直接应用 GPS 开展建筑工程的控制和放样工作。为此，在应用 GPS 测量时，首先要考虑的问题就是建立 GPS 测量成果与现有施工坐标系的统一性，不致因为上部建筑施工采用 GPS，而与目前已完工的下部建筑施工测量基准脱钩，以确保建筑工程整体施工测量基准的一致性。

针对本建筑工程范围小、建设周期不长、相对精度要求较高等特点，在建筑工程的外围设置了两个相对稳定的临时基准点（图 7–10），以作为每次进行 GPS 测量的基准。这两个基点的主要作用在于：

1）每次测量时，均固定其中的一点（XM01 点）作为起算点，固定该两点（XM01～XM02）的方位作为起算方位，以确保每次 GPS 测量的基线解算和网平差有统一的起算基准和方位。起算点的位置坐标和起算方位由首次 GPS 测量确定；

2）各次的坐标成果转换，均采用统一的转换参数，以确保坐标转换成果的基准一致性。其坐标转换参数由首次测量确定。在实施坐标转换时，以该建筑工程施工坐标系中的 XM03 点作为公共点，XM03～XM04 方位作为固定方位。

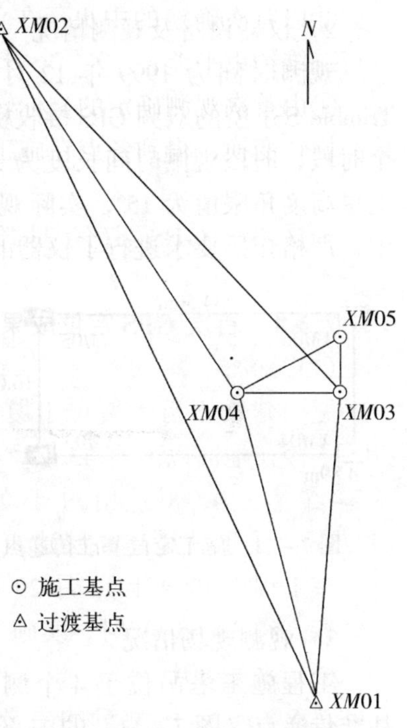

图 7–10　厦门建设银行大厦首期 GPS 定位网图

(3) 施测情况

1）临时基准点的设置

XM01 点设置在建筑工程外围的一栋 2 层高的房屋顶上，该房屋属建筑施工单位临时使用的办公屋，便于设点和保护。点位距离建筑主体工程约 90m，天空通视状况良好。

XM02 点设置在建筑工程外围的一混凝土路面上，点位基础牢固，受车辆交通干扰不大，便于设点，天空通视状况也较好，点位距离建筑主体工程约 140m。在施工期内，该点位的路面估计不会被破坏或整饰，但有必要加强对点位的保护工作。

2）仪器设备及观测情况

观测时间为 1999 年 12 月 29 日，观测采用的仪器设备是 Trimble SSⅠ 型的双频 GPS 接收机 3 台（套），共观测了 5 个点，4 个时段，时段观测时间长度为 30～90min，数据采样间隔为 15s，卫星高度角限值为 15°，实际观测采集数据状况正常。观测过程中，严格按照要求进行了仪器的置平、对中和丈量天线高。

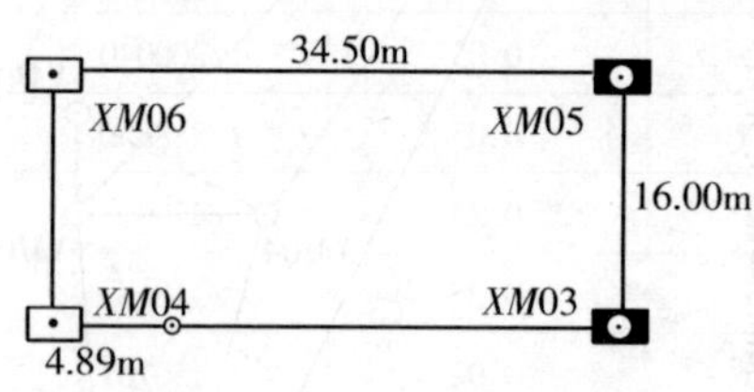

图 7－11　施工定位基准传递点

如图 7－11 所示，实际施测时，由于 XM06 点上已搭起了施工脚手架，XM04 点邻近的立柱也接上了钢筋，无法设置仪器，因此，对 XM04 点采取了偏距设点法（偏距 4.98m），共施测了 3 个施工基准传递点。

3）观测现场情况

工程施工塔吊位于 4 个测量基准传递点（图 7－11）的中心部位。实际作业过程中，塔吊在继续工作，吊臂在接收天线的上空无固定方位地转动，并不停地吊运施工材料，如图 7－12 所示。另外，工作层面上一直在进行着施工，其中有对接收信号影响较大的电焊和吊运（搬运）材料的震动。

图 7－12　施工塔吊对 GPS 观测的影响

（4）基线向量解算及质量

基线向量的解算采用 GPS 接收机的随机解算软件 GPSurvey Ver2.20 进行，网平差采用了武汉测绘科技大学开发的 GPS 网平差和分析软件系统（PowerAdj Ver3.0）进行。

WGS－84 坐标系下 GPS 网三维无约束平差的结果见表 7－2。

首次观测基线的相对和绝对误差　　表 7－2

起点	终点	基线长度(m)	绝对误差(cm)	相对误差
*XM*01	*XM*02	215.9515	0.00	1/18867925
*XM*01	*XM*04	99.3042	0.05	1/200040
*XM*02	*XM*03	148.8711	0.05	1/288850
*XM*03	*XM*01	96.9232	0.24	1/41090
*XM*03	*XM*04	29.5173	0.25	1/11818
*XM*04	*XM*05	33.5755	0.02	1/150761
*XM*04	*XM*05	33.5755	0.27	1/12541
*XM*05	*XM*03	16.0075	0.06	1/28908

*XM*01 点在 WGS－84 坐标系中固定的空间直角坐标为：

$$X = -2733294.233\text{m}$$

$$Y = 5125888.760\text{m}$$

$$Z = 2624675.543\text{m}$$

各点的大地高及其精度见表 7－3。

首次观测的测点大地高及其精度　　表 7－3

点号	大地高(m)	大地高的误差(cm)
*XM*01	27.4941	—
*XM*02	21.6200	0.08
*XM*03	61.3244	0.20
*XM*04	61.3260	0.24
*XM*05	61.3385	0.34

(5) 成果转换及质量

高斯投影的中央子午线选定为：东经 118°04′00.00000″。固定坐标方位角（XM01 ~ XM02）为：335°03′13.6480454891″。转换到测区高程面的平面坐标及其精度见表 7-4。

首次观测的平面坐标及其精度　　表 7-4

点号	平面坐标(m)		点位精度(cm)		
	x	y	x	y	RMS
XM01	2706149.9807	500137.3640	—	—	—
XM02	2706345.7116	500046.3168	0.02	0.03	0.04
XM03	2706240.5684	500143.9419	0.09	0.08	0.12
XM04	2706240.4822	500114.4250	0.05	0.06	0.08
XM05	2706256.5757	500143.8919	0.15	0.13	0.20

在施工坐标系中，以 XM03 点作为固定点，XM03 ~ XM04 的方位作为固定方位，可算得坐标转换平移量为：

$$\Delta x = x - x' = 2706164.0684\text{m}$$

$$\Delta y = y - y' = 499946.9419\text{m}$$

旋转角为：359°49′57.634039985″。

经平移、旋转后，各点在施工坐标系中的坐标见表 7-5。

首次观测时，各点在施工坐标系中的坐标　　表 7-5

点号	x′(m)	y′(m)
XM01	-14.0681	190.1580
XM02	181.9279	99.6828
XM03	76.5000	197.0000
XM04	76.5000	167.4834
XM05	92.5074	196.9972

(6) 结论与建议

1）首次 GPS 定位测量成果的精度较高，质量是可靠的。

2）所建立的临时工作基点很有必要，将作为以后各次 GPS 测量基准传递的参照点，必须很好保护。所采用的坐标成果转换方法不仅在理论上是严密的，而且在实用上也是可行的。

3）如果提供 *XM*01 和 *XM*02 两点的水准联测成果，可直接利用 GPS 的大地高对各层面的高度进行控制。

4）建议今后每次开展 GPS 测量工作时，尽量提前做好准备，以便对 4 个基准传递点和部分立柱进行定位。

7.3.2 第二次 GPS 定位成果报告

(1) 施测概况

2000 年 3 月 10 日，当建筑主体工程施工到第 22 层面（标高约 83.65m）时，实施了第二次 GPS 测量工作。

1）仪器设备及观测情况

观测采用的仪器设备是 Trimble 4000SSⅠ型的双频 GPS 接收机 3 台（套），共观测了 6 个点，6 个时段，时段观测时间长度 30 ~ 40min，数据采样间隔 10s，卫星高度角限值 15°。实际观测中，数据采集状况正常。观测过程中，严格按照规范要求进行了仪器的置平、对中和丈量天线高。如图 7 – 13 所示，*XM*01 和 *XM*02 为临时基准点，*XM*03、*XM*04、*XM*05 和 *XM*06 为施工基准传递点。

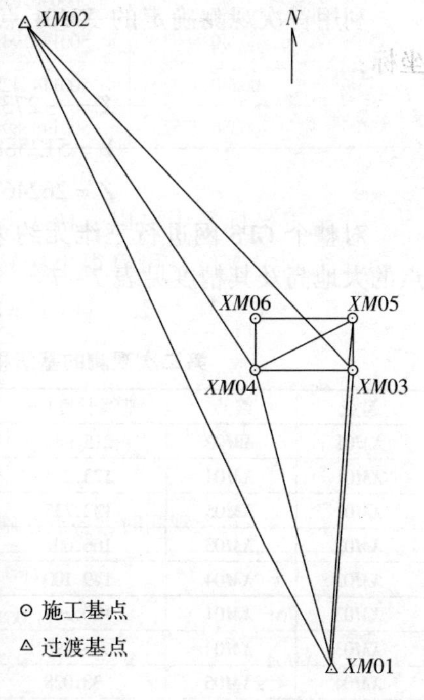

图 7 – 13 第二次 GPS 施工定位网图

2）观测现场情况

施工塔吊位于4个测量基准传递点的中心部位。观测过程中，塔吊在继续工作，吊臂在接收天线的上空无固定方位地转动，并不停地吊运施工材料。同时，工作层面的施工，有对接收信号影响较大的电焊。另外，工作层面的外围，布有约4m高的安全网架，*XM*04点不仅靠近安全网架，而且临近1根钢筋立柱，对接收卫星信号影响较大。

(2) 基线向量解算及质量

基线解算采用了Trimble公司最新提出的随机解算软件GP-Survey Ver2.35进行，网平差采用的是武汉测绘科技大学开发的GPS网平差和分析软件系统（PowerAdj Ver3.0）。

利用首次观测确定的*XM*01点在WGS－84坐标系中的固定坐标：

$$X = -2733294.233\text{m}$$
$$Y = 5125888.760\text{m}$$
$$Z = 2624675.543\text{m}$$

对整个GPS网进行三维无约束平差，其结果见表7－6。各点的大地高及其精度见表7－7。

第二次观测的基线相对和绝对误差　　表7－6

起点	终点	基线长度(m)	绝对误差(cm)	相对误差
*XM*01	*XM*02	215.947	0.00	1/12195122
*XM*01	*XM*04	123.224	0.03	1/483325
*XM*01	*XM*05	132.735	0.28	1/46821
*XM*02	*XM*03	166.601	0.11	1/149678
*XM*02	*XM*04	149.100	0.20	1/74272
*XM*03	*XM*01	120.266	0.25	1/47234
*XM*03	*XM*04	34.496	0.43	1/9738
*XM*04	*XM*05	38.028	0.02	1/227273
*XM*04	*XM*05	38.031	0.18	1/20913
*XM*04	*XM*06	15.998	0.06	1/25669
*XM*05	*XM*03	16.001	0.31	1/5908
*XM*06	*XM*05	34.505	0.22	1/15819

第二次观测的测点大地高及其精度 **表 7－7**

点　号	大地高(m)	大地高的误差(cm)
*XM*01	27.4941	—
*XM*02	21.6287	0.27
*XM*03	106.3169	0.34
*XM*04	106.3259	0.37
*XM*05	106.3313	0.37
*XM*06	106.3207	0.67

(3) 成果转换及质量

高斯投影的中央子午线与首次相同，为东经 118°04′00.0″。固定 *XM*01、*XM*02 两点的平面坐标（其坐标见首次成果报告），经二维约束平差转换到测区高程面的平面坐标及精度见表 7－8，平面距离及精度见表 7－9。

第二次观测的平面坐标及其精度 **表 7－8**

点号	平面坐标(m)		点位精度(cm)		
	x	*y*	*x*	*y*	RMS
*XM*01	2706149.9807	500137.3640	—	—	—
*XM*02	2706345.7116	500046.3168	—	—	—
*XM*03	2706240.5739	500143.9368	0.08	0.12	0.15
*XM*04	2706240.4787	500109.4359	0.10	0.13	0.17
*XM*05	2706256.5729	500143.8924	0.10	0.14	0.17
*XM*06	2706256.4778	500109.3892	0.23	0.22	0.32

第二次观测的平面距离及其精度 **表 7-9**

起点	终点	基线长度(m)	绝对误差(cm)	相对误差
*XM*01	*XM*02	215.871	0.00	1/9999999
*XM*01	*XM*04	94.709	0.07	1/127476
*XM*01	*XM*05	106.792	0.10	1/102953
*XM*06	*XM*05	34.503	0.19	1/17795
*XM*04	*XM*05	38.030	0.14	1/27478
*XM*04	*XM*05	38.030	0.14	1/27478
*XM*03	*XM*04	34.501	0.15	1/22580
*XM*03	*XM*01	90.831	0.09	1/100036
*XM*02	*XM*04	122.711	0.06	1/194548
*XM*02	*XM*03	143.470	0.05	1/267083
*XM*04	*XM*06	15.999	0.22	1/7422
*XM*05	*XM*03	15.999	0.12	1/13606

根据首次测量确定的转换至施工坐标系中的坐标转换参数，其平移量为

$$\Delta x = x - x' = 2706164.0684\text{m}$$

$$\Delta y = y - y' = 499946.9419\text{m}$$

旋转角为

$$\alpha = 359°49'57.634039985''$$

经平移、旋转后，各点在施工坐标系中的坐标见表 7-10。

各点在施工坐标系中的坐标 **表 7-10**

点　号	x'(m)	y'(m)
*XM*01	-14.0681	190.1576
*XM*02	181.9279	99.6824
*XM*03	76.5055	196.9949
*XM*04	76.5111	162.4939
*XM*05	92.5046	196.9972
*XM*06	92.5102	162.4939

（4）结论与建议

1）根据 GPS 网三维无约束平差和二维约束平差的结果可见，本次 GPS 测量成果的精度达到了原设计要求，成果质量是可靠的。

2）在实施成果转换中，既可以采用固定 *XM*01 点和 *XM*01 ~ *XM*02 方向，也可以采用固定 *XM*01 点和 *XM*02 点的二维约束平差法。两种方案的结果分析表明，其对 4 个基准传递点的最大影响差异小于 2mm。考虑到 *XM*01 ~ *XM*02 的距离较短（仅 216m），最终成果选择了固定 2 点约束的二维平差法。

3）4 个基准传递点的实际位置与设计位置之差见表 7 - 11。

基准传递点的偏差值 **表 7 - 11**

点号	x'(m)			y'(m)		
	设计位置	实际位置	偏差(mm)	设计位置	实际位置	偏差(mm)
*XM*03	76.500	76.5055	5.5	197.000	196.9949	-5.1
*XM*04	76.500	76.5111	11.1	162.500	162.4939	-6.1
*XM*05	92.500	92.5046	4.6	197.000	196.9972	-2.8
*XM*06	92.500	92.5102	10.2	162.500	162.4939	-6.1

按静力距法可计算其实际形心与设计形心的坐标差为

$$\Delta x = \Sigma \mathrm{d}x_i / n = +7.9\mathrm{mm}\text{（南北方向）}$$

$$\Delta y = \Sigma \mathrm{d}y_i / n = -5.0\mathrm{mm}\text{（东西方向）}$$

总偏差值为

$$s = \sqrt{\Delta x^2 + \Delta y^2} = 9.3\mathrm{mm}$$

本次观测的层面相对于首次的高差有 45m，其垂直度为

$$K = s/h = 9.3/45000 = 1/4839$$

目前，建筑行业对高（超高）层建筑物垂直度控制的一般规程要求为：总垂直度 $H/1000 \sim H/3000$，总偏差值 $\leqslant \pm 50\mathrm{mm}$。上

述数值完全高于这一标准。

7.3.3 第三次GPS定位成果报告

(1) 施测概况

2000年6月6日，当建筑主体工程施工到第35层（标高约132.85m）时，实施了第三次GPS测量工作。

1）仪器设备及观测情况

观测采用的仪器设备是Trimble 4600LS型的单频GPS接收机4台（套），共观测了6个点，4个时段，时段观测时间长度不小于60min，数据采样间隔15s，卫星高度角限值15°。实际观测中，数据采集状况正常。观测过程中，严格按照规范要求进行了仪器的置平、对中和丈量天线高。如图7-14所示，*XM*01和*XM*02为临时基准点，*XM*03、*XM*04、*XM*05和*XM*06为施工基准传递点。本次观测时，由于施工原因，在施工层面上GPS接收机并未严格安置在基准传递点上，而是置于给定的大致位置处。施工层面为第35层的木模板底面。

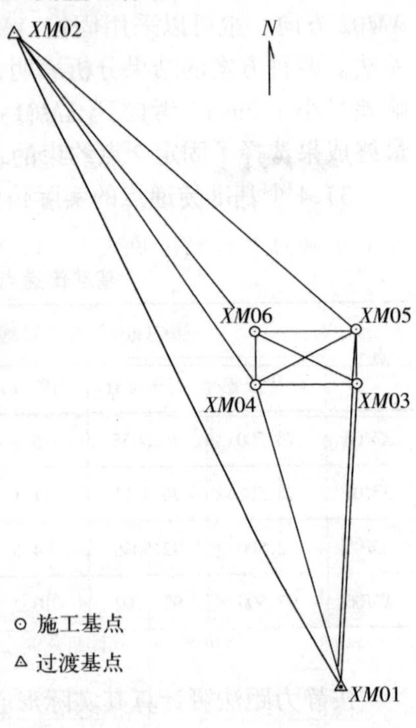

图7-14 第三次GPS施工定位网图

2）观测现场情况

施工塔吊位于4个测量基准传递点的中心部位。观测过程中，塔吊是停止的，工作层面主要有木模板和捆扎好的钢筋及钢筋立柱。另外，在工作层面的外围，布有一定高度的安全网架，*XM*04点临近一钢筋立柱。

(2) 基线向量解算及质量

基线解算采用 Trimble 公司的随机解算软件 GPSurvey Ver2.35，网平差采用的是武汉测绘科技大学开发的 GPS 网平差和分析软件系统（PowerAdj Ver3.0）。

利用首次观测确定的 *XM*01 点在 WGS－84 坐标系中的固定坐标：

$$X = -2733294.233\text{m}$$
$$Y = 5125888.760\text{m}$$
$$Z = 2624675.543\text{m}$$

对整个 GPS 网进行三维无约束平差，其结果见表 7－12。各点的大地高及其精度见表 7－13。

第三次观测的基线相对和绝对误差 **表 7－12**

起点	终点	基线长度(m)	绝对误差(cm)	相对误差
*XM*01	*XM*02	215.947	0.08	1/261575
*XM*02	*XM*04	181.624	0.12	1/56177
*XM*02	*XM*06	172.818	0.46	1/37981
*XM*03	*XM*01	157.013	0.29	1/54924
*XM*03	*XM*04	34.458	0.10	1/34809
*XM*03	*XM*05	15.988	0.05	1/31896
*XM*03	*XM*06	38.014	0.16	1/23858
*XM*05	*XM*01	166.744	0.17	1/97570
*XM*05	*XM*02	188.103	0.19	1/98367
*XM*05	*XM*04	37.984	0.45	1/8495
*XM*05	*XM*06	34.482	0.49	1/7027
*XM*06	*XM*04	15.991	0.03	1/58955

第三次观测的测点大地高及其精度　　表 7－13

点　号	大地高(m)	大地高的误差(cm)
*XM*01	27.4941	—
*XM*02	21.6611	0.32
*XM*03	155.5444	0.43
*XM*04	155.5572	0.45
*XM*05	155.5457	0.44
*XM*06	155.5454	0.37

(3) 成果转换及质量

高斯投影的中央子午线与首次相同，为东经 118°04′00.0″。固定 *XM*01、*XM*02 两点的平面坐标（其坐标见首次成果报告），经二维约束平差转换到测区高程面的平面坐标及精度见表 7－14，平面距离及精度见表 7－15。

第三次观测的平面坐标及其精度　　表 7－14

点号	平面坐标(m)		点位精度(cm)		
	x	*y*	*x*	*y*	RMS
*XM*01	2706149.9807	500137.3640	—	—	—
*XM*02	2706345.7116	500046.3168	—	—	—
*XM*03	2706240.5969	500143.9131	0.18	0.27	0.32
*XM*04	2706240.4828	500109.4564	0.18	0.25	0.31
*XM*05	2706256.5855	500143.8622	0.15	0.22	0.27
*XM*06	2706256.4725	500109.3759	0.18	0.25	0.30

第三次观测的平面距离及其精度　　　　　表 7-15

起点	终点	基线长度(m)	绝对误差(cm)	相对误差
XM01	XM02	215.871	0.00	1/9999999
XM02	XM04	122.718	0.11	1/111519
XM06	XM04	15.990	0.20	1/8134
XM05	XM04	37.988	0.32	1/11951
XM05	XM02	132.131	0.13	1/104739
XM05	XM01	106.803	0.16	1/66438
XM03	XM06	38.011	0.20	1/19007
XM03	XM05	15.989	0.20	1/7927
XM03	XM04	34.457	0.28	1/12388
XM03	XM01	90.852	0.19	1/47884
XM02	XM06	109.271	0.12	1/89675
XM05	XM06	34.486	0.27	1/12564

根据首次测量确定的转换至施工坐标系中的坐标转换参数，其平移量为

$$\Delta x = x - x' = 2706164.0684\text{m}$$

$$\Delta y = y - y' = 499946.9419\text{m}$$

旋转角为

$$\alpha = 359°49'57.634039985''$$

经平移、旋转后，各点在施工坐标系中的坐标见表 7-16。

各点在施工坐标系中的坐标　　　　　表 7-16

点　　号	x'(m)	y'(m)
XM01	-14.0681	190.1576
XM02	181.9279	99.6824
XM03	76.5286	196.9713
XM04	76.5151	162.5144
XM05	92.5173	196.9671
XM06	92.5050	162.4806

(4) 分析结论与建议

1）根据 GPS 网三维无约束平差和二维约束平差的结果可见，本次 GPS 测量成果的精度达到了原设计要求，成果质量是可靠的。

2）成果转换采用的是固定 *XM*01 和 *XM*02 两点的二维约束平差法，与第二次观测成果相一致。

3）施工面上 4 个测点位置与设计位置之差见表 7－17。

基准传递点的偏差值 **表 7－17**

点号	x′(m)			y′(m)		
	设计位置	测点位置	偏差(mm)	设计位置	测点位置	偏差(mm)
*XM*03	76.500	76.5286	28.6	197.000	196.9713	－28.7
*XM*04	76.500	76.5151	15.1	162.500	162.5144	14.4
*XM*05	92.500	92.5173	17.3	197.000	196.9671	－32.9
*XM*06	92.500	92.5050	5.0	162.500	162.4806	－19.4

按静力距法可计算测点形心与设计形心的坐标差为

$$\Delta x = \Sigma \mathrm{d}x_i / n = +16.5\mathrm{mm}\text{（南北方向）}$$

$$\Delta y = \Sigma \mathrm{d}y_i / n = -16.6\mathrm{mm}\text{（东西方向）}$$

总偏差值为

$$s = \sqrt{\Delta x^2 + \Delta y^2} = 23.4\mathrm{mm}$$

本次观测的层面相对于首次的高差有 94.2m，其垂直度为

$$K = s/h = 23.4/94200 = 1/4026$$

需说明的是，上述的偏差值和垂直度是根据本次施工面上的 4 个测点位置计算得到的。由于受施工影响，本次施工面上的这 4 个测点位置与基准传递点的实际位置并不一致，存在一定偏差。实际上，基准传递点的实际位置与设计位置的偏差值以及垂直度要优于上述数值。

根据目前建筑行业对高（超高）层建筑物垂直度控制的一般规程要求：总垂直度 $H/1000 \sim H/3000$，总偏差值 $\leqslant \pm 50$mm。上

述数值完全高于这一标准。

4）通过三次 GPS 观测发现，2 个固定点（*XM*01 和 *XM*02）存在相对高差变化，其结果见表 7－18 和图 7－15、图 7－16。建议应加强建筑物施工期的沉降观测，尤其是非均匀沉降观测。

固定点相对高差变化情况　　　　表 7－18

GPS 观测时间	建筑物高度(m)	固定点相对高差(m)	高差变化量(mm)
1999.12.29	38.65	5.8741	0
2000.03.10	83.65	5.8654	－8.7
2000.06.06	132.85	5.8330	－41.1

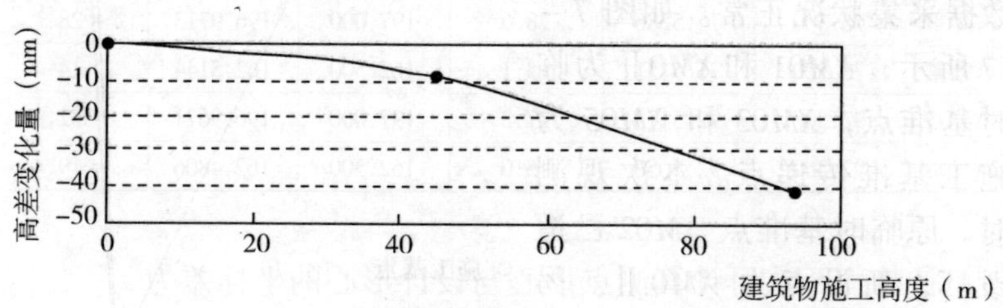

图 7－15　两个固定点高差变化与建筑物高度的关系

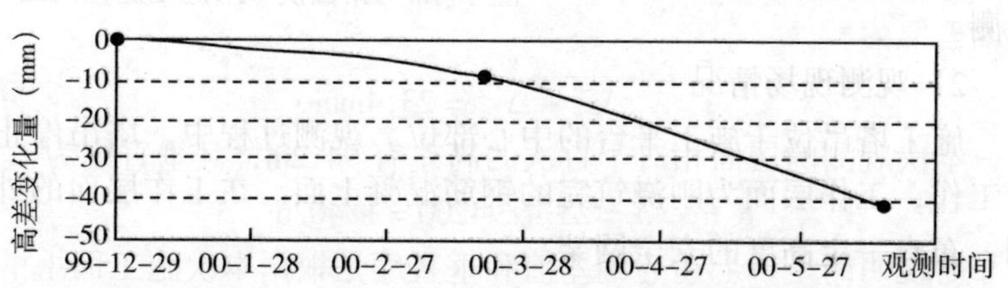

图 7－16　两个固定点高差变化与观测时间的关系

7.3.4　第四次 GPS 定位成果报告

（1）施测概况

2000 年 10 月 4 日，当建筑主体工程施工到第 39 层面（标高

148.05m）时，实施了第四次 GPS 测量工作。

1）仪器设备及观测情况

观测所采用的仪器设备是 Trimble 4000SSⅠ型的双频 GPS 接收机 3 台（套），本次共观测了 4 个点，3 个时段，时段观测时间长度不小于 60min，数据采样间隔 15s，卫星高度角限值 15°。实际观测过程中，严格按照规范要求进行了仪器的置平、对中和丈量天线高。数据采集状况正常。如图 7－17 所示，*XM*01 和 *XM*0Ⅱ为临时基准点，*XM*03 和 *XM*05 为施工基准传递点。本次观测时，原临时基准点 *XM*02 已遭毁坏，新设点为 *XM*0Ⅱ。另外，施工基准传递点（*XM*04 和 *XM*06）已封顶，无法设站观测。

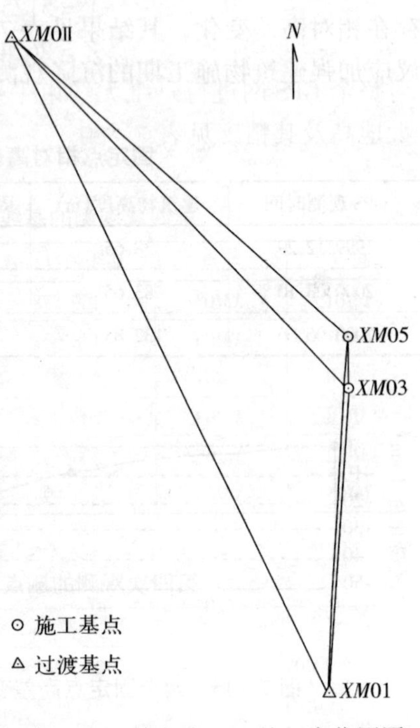

图 7－17　第四次 GPS 施工定位网图

2）观测现场情况

施工塔吊位于施工平台的中心部位。观测过程中，塔吊停止了工作，工作层面为刚浇筑完的钢筋混凝土面。在工作层面的外围，布有一定高度的安全网架。

（2）基线向量解算及质量

基线解算采用 Trimble 公司的随机解算软件 GPSurvey Ver2.35，网平差采用的是武汉测绘科技大学开发的 GPS 网平差和分析软件系统（PowerAdj Ver3.0）。

利用首次观测确定的 *XM*01 点在 WGS－84 坐标系中的固定坐标：

$$X = -2733294.233\text{m}$$
$$Y = 5125888.760\text{m}$$
$$Z = 2624675.543\text{m}$$

对整个 GPS 网进行三维无约束平差，其结果见表 7－19。各点的大地高及其精度见表 7－20。

第四次观测的基线相对和绝对误差　　表 7－19

起点	终点	基线长度(m)	绝对误差(cm)	相对误差
*XM*01	*XM*03	169.578	0.27	1/62945
*XM*01	*XM*05	178.639	0.18	1/99631
*XM*0Ⅱ	*XM*01	218.836	0.00	1/45454545
*XM*0Ⅱ	*XM*03	208.092	0.08	1/274348
*XM*0Ⅱ	*XM*05	200.152	0.10	1/192604
*XM*05	*XM*03	15.998	0.14	1/11279

第四次观测的测点大地高及其精度　　表 7－20

点　　号	大地高(m)	大地高的误差(cm)
*XM*01	27.4941	—
*XM*0Ⅱ	21.7123	0.21
*XM*03	170.7055	0.24
*XM*05	170.7031	0.16

(3) 成果转换及质量

高斯投影的中央子午线与首次相同，为东经 118°04′00.0″。由于本次观测时，固定点 *XM*02 已遭毁坏，无法恢复，为此，在其附近新设 *XM*0Ⅱ点。经实际验证，采用固定 *XM*01 点的平面坐标（其坐标见首次成果报告）和 *XM*01～*XM*0Ⅱ的 GPS 方位（方位角为 335°53′20.073″）进行二维约束平差，可以实现坐标成果至测区高程面的转换。其平面坐标及精度见表 7－21，平面距离及精度见表 7－22。

第四次观测的平面坐标及其精度　　表 7-21

点　号	平面坐标(m)		点位精度(cm)		
	x	y	x	y	RMS
XM01	2706149.9807	500137.3640	—	—	—
XM0Ⅱ	2706349.6548	500047.9991	0.05	0.02	0.05
XM03	2706240.5621	500143.9216	0.13	0.18	0.22
XM05	2706256.5616	500143.8913	0.10	0.10	0.22

第四次观测的平面距离及其精度　　表 7-22

起点	终点	基线长度(m)	绝对误差(cm)	相对误差
XM01	XM03	90.818	0.14	1/65401
XM05	XM03	16.000	0.13	1/12175
XM0Ⅱ	XM05	133.648	0.06	1/210714
XM0Ⅱ	XM03	145.266	0.09	1/162322
XM0Ⅱ	XM01	218.760	0.05	1/406957
XM01	XM05	106.781	0.10	1/106389

根据首次测量确定的转换至施工坐标系中的坐标转换参数，其平移量为

$$\Delta x = x - x' = 2706164.0684\text{m}$$

$$\Delta y = y - y' = 499946.9419\text{m}$$

旋转角为

$$\alpha = 359°49'57.634039985''$$

经平移、旋转后，各点在施工坐标系中的坐标见表 7-23。

各点在施工坐标系中的坐标　　表 7-23

点　号	x'(m)	y'(m)
XM01	-14.0681	190.1576
XM0Ⅱ	185.8661	101.3762
XM03	76.4938	196.9797
XM05	92.4933	196.9961

(4) 结论与分析

1) 根据GPS网三维无约束平差和二维约束平差的结果可见，本次GPS测量成果的精度达到了原设计要求，成果质量是可靠的。

2) 由于本次观测时，原固定点*XM*02已遭毁坏，无法恢复，为此，成果转换采用的是固定*XM*01点和*XM*01～*XM*0Ⅱ的GPS方位所进行的二维约束平差法，该方法经原有成果验证，认为是可行的，与前3次观测成果的固定基准相一致。

3) 施工面上两个基准传递点的实际位置与设计位置之差见表7-24。

基准传递点的偏差值 **表7-24**

点号	x'(m)			y'(m)		
	设计位置	实际位置	偏差(mm)	设计位置	实际位置	偏差(mm)
*XM*03	76.500	76.4938	-6.2	197.000	196.9797	-20.3
*XM*05	92.500	92.4933	-6.7	197.000	196.9961	-3.9

按静力距法可计算其实际形心与设计形心的坐标差为

$$\Delta x = \Sigma \mathrm{d}x_i / n = -6.4\text{mm}\ (\text{南北方向})$$

$$\Delta y = \Sigma \mathrm{d}y_i / n = -12.1\text{mm}\ (\text{东西方向})$$

总偏差值为

$$s = \sqrt{\Delta x^2 + \Delta y^2} = 13.7\text{mm}$$

本次观测的层面相对于首次的高差有109.4m，其垂直度为

$$K = \frac{s}{h} = \frac{13.7}{109400} = \frac{1}{7985}$$

根据目前建筑行业对高（超高）层建筑物垂直度控制的一般规程要求：总垂直度$H/1000 \sim H/3000$，总偏差值≤±50mm。上述数值优于这一标准。

4）由于固定点 XM02 遭毁坏，两个固定点的相对高差变化无法继续分析。如果以首次固定点 XM01 的大地高和施工面为基准进行推算，本次施工层面的标高为 148.03m，其设计标高为 148.05m，差值为 -2cm。

7.3.5 GPS 基准传递结果的总体分析与评价

（1）GPS 基准传递

1）概述

厦门建设银行大厦工程的 GPS 定位测量是高新技术用于传统产业的一次尝试，其定位测量方案设计与实施既参照了国家及测绘行业有关规范（规程），同时，又考虑了该技术是首次应用于建筑施工定位测量，因此，其方案与实施完全遵守了本书第 4 章所述内容。鉴于尚无经验可循，为了保证工程的正常进行，仅在部分楼层进行了基准传递，以校核常规测量方法的结果，并与建筑施工有关规范进行比较，其结果很好地满足了要求。本工程共进行了 4 次基准传递控制观测，各次施测的时间、建筑物的高度、点位情况见表 7-25。

GPS 施测的基本情况 **表 7-25**

项目 / 次数	施测时间	建筑标高(m)	点位情况
首次	1999-12-29	38.65	XM01、XM02、XM03、XM04、XM05
第二次	2000-03-10	83.65	XM01、XM02、XM03、XM04、XM05、XM06
第三次	2000-06-06	132.85	XM01、XM02、XM03、XM04、XM05、XM06
第四次	2000-10-04	148.05	XM01、XM02、XM03、XM05

注：表中的 XM03、XM04、XM05、XM06 各点为原常规测量控制点。

2）施测的精度

每次观测经平差和坐标变换后，各基准传递点的平面位置精度统计见表 7-26。分析表 7-26 可见，各基准传递点的平面各方向精度：平均为 1.5mm，最大为 2.7mm；点位精度：平均为 2.2mm，最大为 3.2mm，均小于 ± 5mm 的平面精度要求。

基准传递点的平面位置精度统计（mm）　　表 7 – 26

点号	首　次			第二次			第三次			第四次		
	m_x	m_y	RMS	m_x	m_y	RMS	m_x	m_y	RMS	m_x	m_y	RMS
*XM*03	0.9	0.8	1.2	0.8	1.2	1.5	1.8	2.7	3.2	1.3	1.8	2.2
*XM*04	0.5	0.6	0.8	1.0	1.3	1.7	1.8	2.5	3.1	—	—	—
*XM*05	1.5	1.3	2.0	1.0	1.4	1.7	1.5	2.2	2.7	1.0	1.0	2.2
*XM*06	—	—	—	2.3	2.2	3.2	1.8	2.5	3.0	—	—	—

高程精度统计见表 7 – 27。分析表 7 – 27 可见，各测点的大地高精度：平均为 3.2mm，最大为 6.7mm，均小于 ± 8mm 的高程精度要求。

测点的大地高及其精度统计　　表 7 – 27

点号	首　次		第二次		第三次		第四次	
	H(m)	m_h(mm)	*H*(m)	m_h(mm)	*H*(m)	m_h(mm)	*H*(m)	m_h(mm)
*XM*02	21.620	0.8	21.629	2.7	21.661	3.2	21.712	2.1
*XM*03	61.324	2.0	106.317	3.4	155.544	4.3	170.706	2.4
*XM*04	61.326	2.4	106.326	3.7	155.557	4.5	—	—
*XM*05	61.338	3.4	106.331	3.7	155.546	4.4	170.703	1.6
*XM*06	—	—	106.321	6.7	155.545	3.7	—	—

(2) 垂直度的控制

各次观测时，基准传递点的实际位置与设计位置之差的结果统计见表 7 – 28。

基准传递点的偏差值统计（mm） **表 7-28**

点号	第二次		第三次		第四次	
	dx	dy	dx	dy	dx	dy
XM03	5.5	-5.1	28.6	-28.7	-6.2	-20.3
XM04	11.1	-6.1	15.1	14.4	—	—
XM05	4.6	-2.8	17.3	-32.9	-6.7	-3.9
XM06	10.2	-6.1	5.0	-19.4		

按静力距法，可计算各施工层面的实际形心与设计形心的坐标差：

$$\Delta x = \Sigma dx_i / n \text{（南北方向）}$$

$$\Delta y = \Sigma dy_i / n \text{（东西方向）}$$

其总偏差值计算式为

$$s = \sqrt{\Delta x^2 + \Delta y^2}$$

相应的垂直度为

$$K = s / h$$

按上述公式，各次观测时的垂直度计算的统计结果见表 7-29。根据现行钢筋混凝土高层建筑结构设计与施工规程(JGJ3—91)对高层建筑垂直度控制的要求：建筑物垂直度偏差不应超过$3H/10000$,且不应大于：

$30m < H \leqslant 60m$ 时，10mm;

$60m < H \leqslant 90m$ 时，15mm;

$90m < H$ 时，20mm

从表 7-29 中可见，施工期间各次测量的建筑物垂直度偏差完全在设计规范允许的范围内，表明施工对建筑物的垂直度控制较好。

垂直度观测的结果统计　　表 7-29

	总偏差值(mm)	相对首次观测的高差(m)	垂直度
第二次	9.3	45.0	1/4839
第三次	23.4	94.2	1/4026
第四次	13.7	109.4	1/7985

(3) 建筑物标高的控制

在高层建筑施工 GPS 定位时，通过计算设于操作层上各点的坐标，可以得到所测楼层的标高，而按 GBJ300—88 规定高层建筑楼层高偏差允许值是 5mm，总高偏差允许值为 ±30mm，通过实测结果与设计规定值作比较，便可以得知施工对建筑物楼层高度的控制效果，便于及时进行纠正。厦门建设银行大厦工程的 GPS 定位作业对施工作业层进行了 3 次楼层标高的控制测量，其结果见表 7-30。

建筑物楼层标高的控制测量　　表 7-30

项目 次数	设计标高(m)	实测标高(m)	施工误差(cm)
第一次	83.65	83.645	-0.5
第二次	132.85	132.869	1.9
第三次	148.05	148.026	-2.4

需要说明的是，表中实测标高的点均设置在各次施测的施工楼面上，由各基准传递点观测的大地高数据取平均计算求得。厦门建设银行大厦工程的 GPS 建筑施工基准传递和建筑物高程控制表明，其每一次控制精度远高于施工规范的要求，反映了施工单位对建筑相应控制项目的控制水平。采用 GPS 定位技术，其数据处理均可用随机软件或后处理商用及自编软件来完成，具有快速、精确度高、特别适合高层建筑的施工控制网测定以及结构放

样、建筑物垂直度、建筑物标高等的控制。

7.4 GPS 日照变形监测

7.4.1 GPS 日照变形监测方案

中建三局三公司厦门分公司在施工 160m 高的厦门国贸大厦工程时，由于当时正值盛夏，上午测设的控制网，下午放线复核时，发现西、南侧控制点总是偏差较大，当时分析认为是太阳日照引起的建筑结构变形，但变形量与温度的变化关系，很难通过对结构进行计算获得，也无法通过常规测量设备测量得到。由于厦门建设银行大厦工程比厦门国贸大厦工程更高，其定位控制网的确定，特别是据此进行的放线工作，可能会因日照变形造成影响。而 GPS 技术可以通过对卫星的连续观测，准确确定建筑上定位点的位置，同时，还可以测量出建筑物上点在日照下的变形情况。可以推断，利用 GPS 技术进行建筑物的日照变形观测，将具有可行性和实用性。

超高层建筑受日照引起的变形规律应与日照的温差及变化有关。为了获取变形量，监视变化过程，可以采用 GPS 定位技术按静态观测模式进行观测。本次试验，采用了 3 台 GPS 接收机，其中 2 台接收机设置在固定点上，作为基准站；另 1 台接收机设置在建筑标高为 148.05m 的施工层面上（*XM*03 点的位置），作为监测点，如图 7－18 所示。

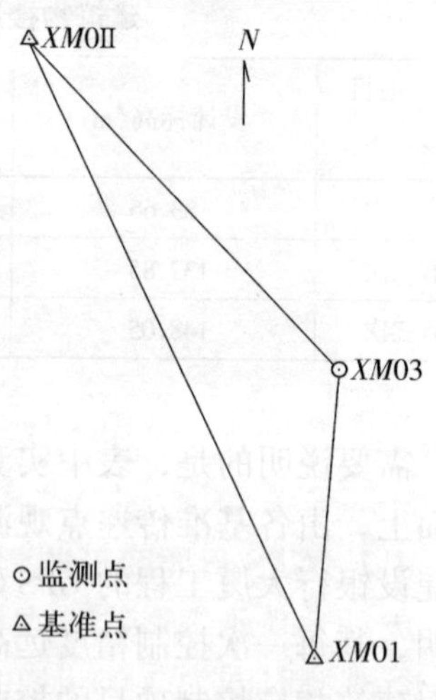

图 7－18　变形监测方案图

为了合理比较并评价 GPS 监测结果，在建筑标高为 ±0.000m 的基准传递点 *XM*03 位置处，另外采用 1 台具有竖盘自动补偿装置的经纬仪，按精密天顶法，如图 7-19 所示，穿过预留孔同时进行观测，获取 148.05m 建筑标高施工楼层面上 *XM*03 点的位置变化量。按精密天顶法的理论作精度分析，本次监测测定其变形值的预计精度为 ±1.1mm。同时，采用常规温度计，对监测点的大气温度进行了测定。

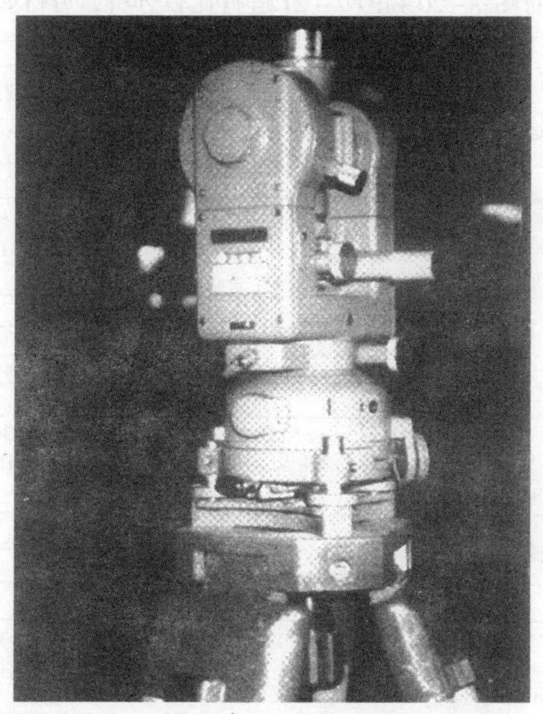

图 7-19　精密天顶法

7.4.2　GPS 日照变形监测结果及分析

(1) GPS 日照变形监测结果

GPS 观测时间为 2000 年 10 月 4 日 18:00～2000 年 10 月 5 日 20:00，数据采样率为 15s，卫星高度角限值为 15°，按静态观测模式共连续观测了 26h。按 1h 的时间间隔截取观测数据进行处理，并将监测点的坐标转换为建筑施工坐标。然后，计算各时段测点的实际位置相对于设计位置的偏离值。将各时段的偏离值作曲线拟合，可得其变化过程线，如图 7-20 所示。图 7-21 为精密天顶法监测的变形过程线。

(2) GPS 日照变形监测结果分析

通过对图 7-20 和图 7-21 进行比较分析，可得如下结论：

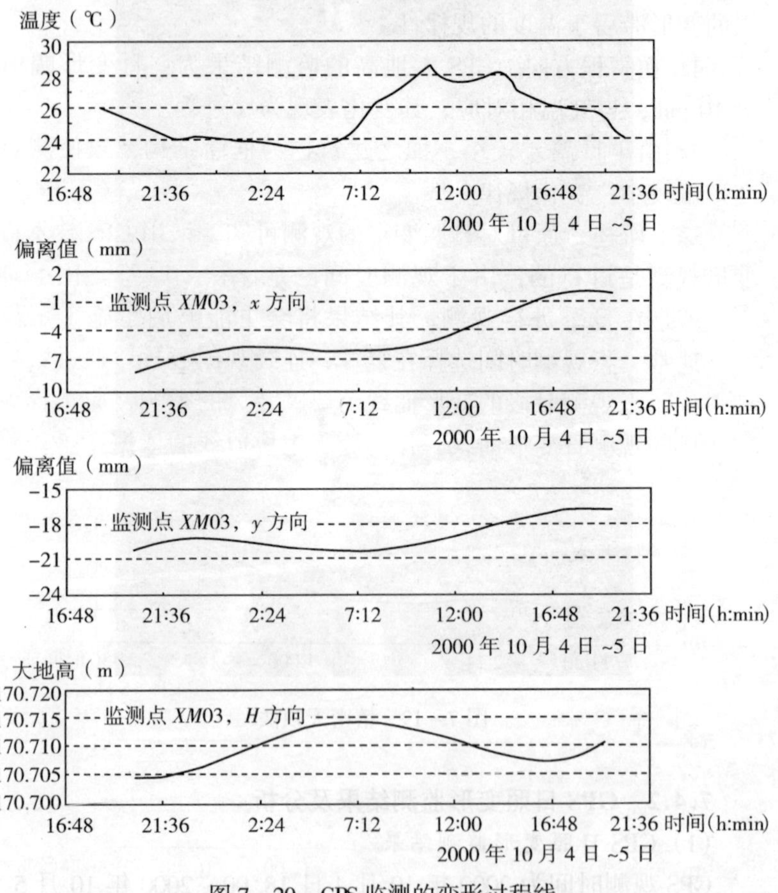

图 7-20　GPS 监测的变形过程线

1) 日气温变化范围为 23.5~28.5℃，日温差仅为 5℃。上午 6:00~11:00 气温上升较快，夜间 21:00~6:00 气温趋于平稳。

2）GPS 方法监测的日变形幅值：X 方向为 8mm，Y 方向为 4mm；精密天顶法监测的变形幅值：X 方向（即南北方向）为 8mm，Y 方向（即东西方向）为 5mm。两种方法有较好的数值对应关系和一定的变形对应关系。

3）对于监测点平面方向的变形，无论南北方向，还是东西方向，其变化规律与气温变化存在一定的对应关系，并表现出较强的变形滞后于温度的规律性。

4）在高程方向，GPS 大地高的监测结果为：日变形幅值约为 10 mm，与气温相对应，其变化表现为反过程。

5）由于日温差较小，加之建筑物为框筒结构，致使测点处变形量较小，变化规律一般。

综上所述，通过对日照变形的观测可知，采用 GPS 技术进行变形观测是可行的，由于观测时间已是深秋，温差变化不是太大，若是在夏季进行观测，其结果将会更能够用于施工定位放线。通常，将观测时间选择在夏季，连续观测数日，通过数据处理得到每天观测时段的变形曲线。要顾及风的影响，应选择无风或微风的观测日变形曲线，作为施工定位放线的依据。

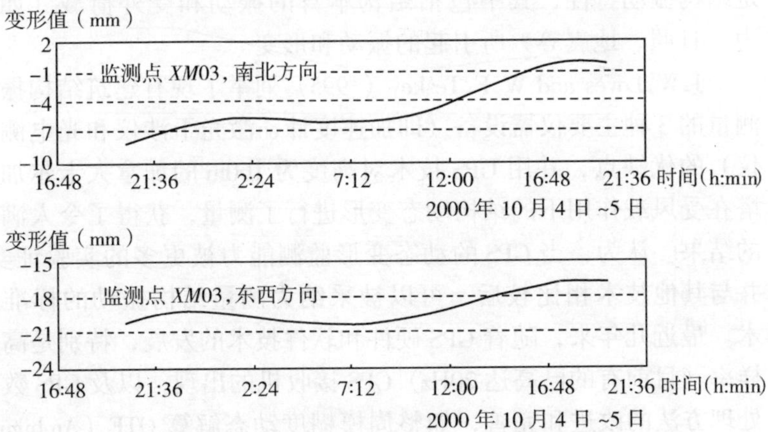

图 7－21　精密天顶法监测的变形曲线

第 8 章　大型工程的 GPS 动态监测实例

8.1　引　言

近几年来，随着国民经济建设的发展，高层和高耸构筑物（如桥梁、高塔、高层建筑等）不仅越来越多，而且造型日趋复杂，并向超高度发展，其安全性检测已成为工程界和学术界的热门课题。安全性检测不仅是已建建筑物的需要，对于新建建筑物也是必要的。众所周知，由于设计、施工等因素的影响，实际新建建筑物与原设计建筑物有一定的差异。为了把握新建建筑物的实际结构状态，需对建成的建筑物进行实测。检测的目的在于确定结构振动特性，其中包括结构本身的振动和受外荷载（如风力、日照、地震等）所引起的振动和形变。

J.W.Loves and W.F.Teskey（1995）列举了现有建筑结构振动测量的 3 种主要仪器设备（即加速度计、激光干涉仪和光电测距仪）的优缺点，并用 GPS 技术对高度为 160m 的加拿大卡尔加里塔在受风载作用下的结构动态变形进行了测量，获得了令人满意的结果。认为，当 GPS 的动态变形监测能力被更多的实验证实，并与其他技术相比较后，可以被采纳为测量结构振动的标准技术。最近几年来，随着 GPS 硬件和软件技术的发展，特别是高采样率（目前有的已高达 20Hz）GPS 接收机的出现，以及 GPS 数据处理方法的改进和完善，如整周模糊度动态解算 OTF（Ambiguity Resolution On - The - Fly）等，在大型结构物动态特性和形变监测方面，开展了卓有成效的 GPS 实验与测试工作，重点体现在：

（1）深圳地王大厦 GPS 风载振动测量（Guo 等，1997）。深圳地王大厦主体建筑高 325m，为了验证原结构设计动力分析结果，并对该高层建筑物结构抗震安全性评估提供参考数据，在强台风（风速度为 25m/s）下，用 2 台 NovAtel 3151R 单频 GPS 接收机，其中，1 台远离大厦作为参考站，另 1 台设在大厦顶部作为监测站，数据采样率为 10Hz，对顶层位移进行了测量。频谱分析结果表明，利用 GPS 进行大型结构物动态测试是可行的，不但可以测量位移量，而且可以测出基振频率和振幅。

（2）虎门大桥 GPS（RTK）实时位移监测（过静君等，2000）。虎门大桥全长 4606m，其中主跨为 888m 的悬索桥，根据设计，在风荷载下，水平和垂直最大位移量分别为 0.95m 和 1.29m，基振频率范围为 0.088 ~ 0.64Hz，该桥梁安全性监测极为重要。为此，采用了多台 GPS 接收机，按实时位移监测系统进行设计，应用 RTK 差分定位技术，取得了较好效果：水平位移监测精度为 1 ~ 2cm，垂直精度为 2 ~ 3cm。

（3）GPS 用于鉴别振动特征的模拟实验（罗志才等，2000）。借助于振动实验装置产生简谐振动，分别采用具有最高采样率为 2Hz 和 10Hz 的双频 GPS 接收机 Ashtech Z – 12 和 NovAtel – Outrider – DL – RT2 各 2 台，其中 1 台作为固定站，另 1 台作为监测站，进行了多个振动实验的数据采集工作。实验数据的谱分析结果表明，利用 GPS 观测数据可以精确地鉴别出振动特征（如相对位移和频率）；如果 GPS 接收机的最高采样频率为 F，则至少可以辨别频率为 $0.25F$ 以下的振动特征。

（4）高层建筑结构自振特性测试。高大建筑物基振频率的范围一般为 0.1 ~ 10Hz（J.W.Loves 等，1995），振幅取决于建筑物高度、外荷载大小、建筑物结构和所采用的材料等，应用 GPS 进行测试，其关键性工作应该是鉴别 GPS 监测数据的时频特性，尤其是多路径效应影响和强噪声干扰。因为高层建筑在无明显的外荷载（如无风、夜晚）作用下，其振动幅值是非常小的，完全被多路径效应和强噪声等影响源所掩盖，我们直接从监测的三维时程图中是很难看出结构自振特性的，另外，结构自振周期也不是惟一的，会表现出多个自振周期。黄丁发等（2001）在一主体结构高度为309.95m的高层建筑上，应用2台NovAtel－Outrider－DL－RT2双频GPS接收机（其中，1台作为固定站，另1台作为监测站）进行了一次测试实验，并用小波分析法对多路径效应影响作了分析，取得了满意效果。2000年10月，作者在厦门建设银行大厦用GPS开展高层建筑结构自振特性测试工作（本章将作详细介绍）时发现，GPS动态监测技术完全可以达到数值小于1mm甚至更小的结构振动幅值确定，在大型构筑物振动特性测试方面将是一种很好的方法。

实际上，大型构筑物的动态监测，有的要求实时性，而有的可以事后处理；有的仅要求最大位移，而有的要求振动特性（振幅和振频）；其位移量，有的达米级，有的可能比1mm还要小。因此，在监测方案、数据处理与分析方法等方面就不一样。

关于高层建筑的定义，我国在1995年施行的《高层民用建筑防火设计规范》（GB50045—95）（2001年版）中规定，10层及10层以上的住宅建筑（包括首层设置商业服务网点的住宅）或建筑高度超过24m的公共建筑称为高层建筑。而早在1972年，国际高层建筑会议将高层建筑分为4类：第1类，9～16层或≤50m；第2类，17～25层或≤75m；第3类，26～40层或≤100m；第4类，40层以上或>100m。所以，我们目前所说的超高层建筑，一般指的是高度超过100m或层数超过40层的建筑物。

本章主要结合几个大型工程的GPS动态监测试验，介绍GPS监测方案、数据分析方法及实测结果。

8.2 超高层建筑的GPS动态监测试验

8.2.1 超高层建筑的GPS动态监测试验方案

高层建筑在水平荷载（如风荷载）作用下，会出现摆动或振动，其振动特征是周期性的，基振频率约为（0.1～10Hz）。如果变化幅度值较大，用 GPS 定位技术进行动态监测是一种较好的方法。为了获得动态监测数据，应用 GPS 可以按动态定位模式进行观测。

厦门建设银行大厦工程的动态变形观测，采用 Trimble 4000SSI 型双频 GPS 接收机 3 台套，其中 2 台接收机设置在固定点上，作为基准站；另 1 台接收机设置在建筑标高为 148.05m 的施工楼层上（*XM*03 点的位置），作为监测点。点位设置与图 7－17相类似。

GPS 观测时间为 2000.10.5/20:41～21:14，数据采样频率设置为 0.5s，卫星高度角限值为 15°，按动态定位观测模式共连续观测了约 32min。

8.2.2　超高层建筑的 GPS 动态监测试验结果及分析

(1) GPS 动态变形监测的数据处理

按整周模糊度动态解算法(Ambiguity Resolution On－The－Fly)对观测数据进行处理,将 *XM*01 点作为固定基准,可以同时获得参考点(*XM*02)和监测点(*XM*03)相对于基准点(*XM*01)在 WGS－84 坐标系下每个历元的三维大地坐标(B_i、L_i、H_i)。然后,进行投影变换,将大地坐标(B_i、L_i)变换为平面坐标(x_i、y_i),这样,可以得到点位的三维坐标(x_i、y_i、H_i)数据序列。

实际计算时，将 *XM*01 点作为固定基准点，可以同时获得固定点 *XM*02 和监测点 *XM*03 相对于基准点 *XM*01 的三维坐标的变化量。这样，不仅可以考察固定点本身观测的变化状况，而且更为重要的是可以对 GPS 观测误差进行基准改正。

取 3 台 GPS 接收机的同步观测数据，有效数据 2048 个，用 *XM*02 固定点对 *XM*03 监测点作基准改正，采用频谱分析方法，对该三维数据序列进行处理，其结果见图 8－1。在图 8－1 中，为了直观起见，将整个数据序列的频谱图人为地分为低、中、高三个频段，所对应的频率范围分别为 0～0.25Hz、0.25～0.50Hz、0.5～1Hz。其中，横坐标用频率为单位的 Hz 表示，该频率为周期的倒数。

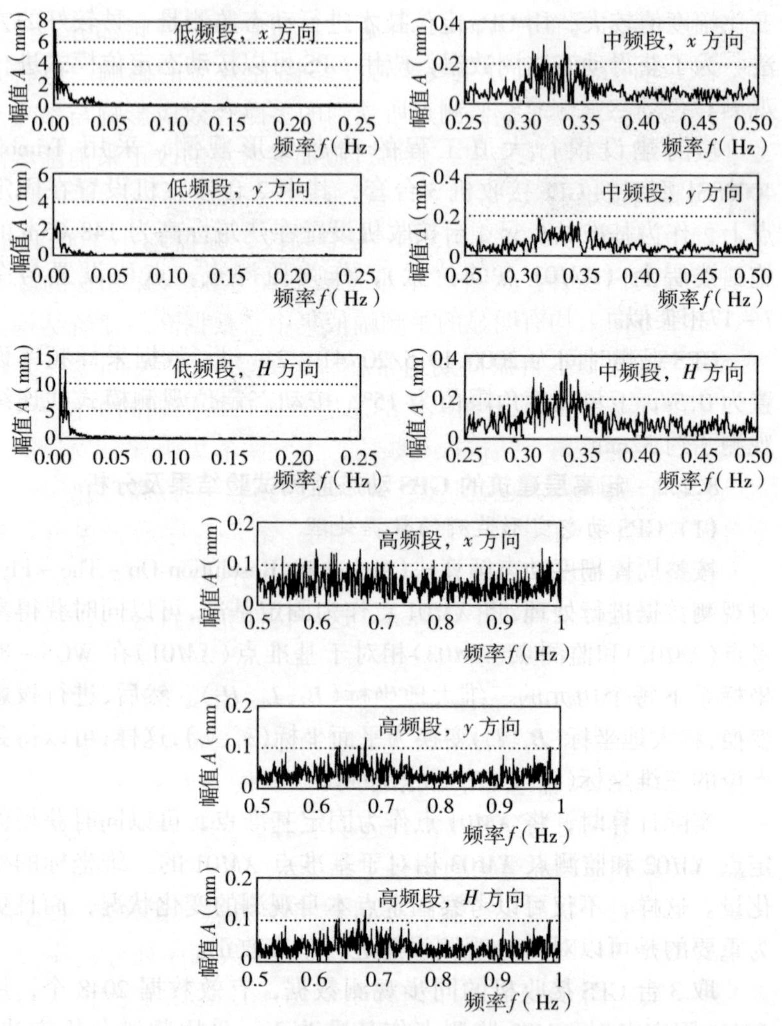

图 8-1 高层建筑 GPS 动态监测的频谱分析

（2）频谱分析结果

通过对 GPS 动态变形的频谱分析，可以得出如下结论：

1）在频率为 0～0.25Hz 的低频段，集中了幅值较大的频率成分，其幅值范围为 1～8mm（南北方向）；0.5～2.5mm（东西方向）；1～15mm（垂直方向）。可见，主频集中于低频部分。经分析，该长周期变化成分主要来源于多路径效应的影响。也就是说，GPS 动态观测时，监测点所受到的多路径效应影响与参考点是不一样的。实际工作中，想通过施加参考点的改正来消除多路径效应影响很难奏效。

2）在频率为 0.25～0.50Hz 的中频段，幅值均小于 0.4mm，呈现较强的白噪声。另外，不难发现，在 0.30～0.35Hz 的频率段，三维方向上均有明显的主频幅值集中。根据高层建筑结构的固有频率（其基本自振周期通常在［0.05～0.1］N 间变化，这里 N 指的是建筑物地平面以上的总层数，自振周期的单位为 s），经分析，此频段属于结构振动频段，主频幅值集中部分反映了建筑结构的自振特性。也就是说，在无风的晚上，该高层建筑结构的自振频率集中在 0.30～0.35Hz 之间；结构的振动表现出一种复合状态，在振动中既有沿 x 和 y 方向的分量，也存在 H 方向的分量；自振幅值均小于 0.4mm。这一特性完全符合建筑结构的设计特性。

3）在频率为 0.5～1Hz 的高频段，幅值均小于 0.2mm，呈现出白噪声。在整个高频部分，无特别明显的主频幅值集中。

4）由整个频谱分析还可以发现，当振动频率大于 0.05Hz 时，GPS 动态观测完全可以实现远小于 1mm 的振幅确定精度。

（3）监测点与参考点的频谱对比分析

为了说明问题起见，我们还可以将参考点（*XM*02）和监测点（*XM*03）相对于基准点（*XM*01）的三维数据序列分别作频谱图进行对比，图 8－2 描述了两者在 0.25～0.375Hz 频率段的频谱结果。

图 8－2 表明，在 0.25～0.375Hz 频段，对于参考点，由于不存在结构自振信号，其数据序列呈现很强的随机性，数据之间的时间相关性差，频谱线在整个频段内杂乱无章；而监测点中，由于含有结构自振信号，其数据序列呈现一定的时间相关性，在频段 0.3～0.35Hz 之间，频谱线相对突出。

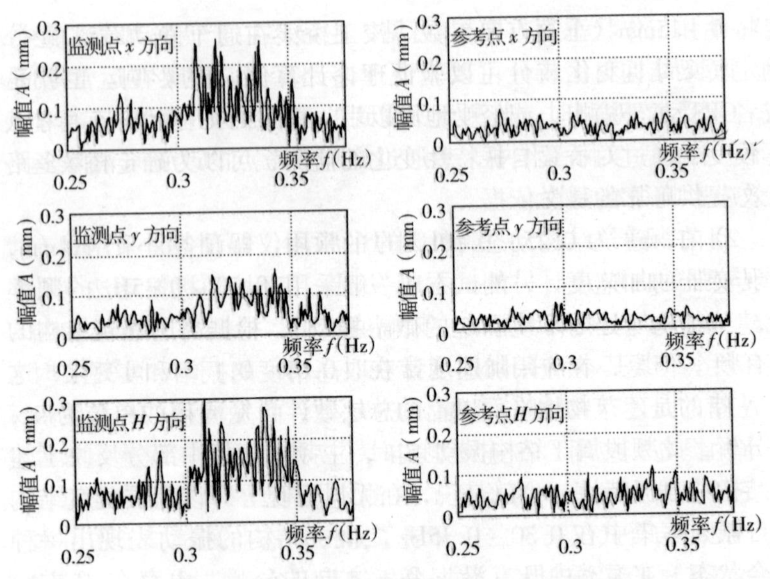

图 8－2　建筑结构自振频段的频谱结果及对比

综上所述，采用 GPS 技术对高层建筑进行动态变形观测是可行的，并且其观测数据可以用于高层建筑结构施工定位修正。就目前而言，可以采用连续观测方式，分析建筑物在施工期间的受不同强度风作用的动态变形规律（至少可以得知其最小位移和最大位移，也可以得到纠偏时间），根据数据处理结果提供的建筑物施工位移，从而指导纠偏工作。由于建筑物的风振属于随机振动，利用 GPS 技术进行建筑物动态变形观测所获数据，研究其随机振动的规律性，既能为高层建筑施工纠偏提供可靠的科学依据，有可能为优化高层建筑设计提供新的手段，这些将是后续研究的内容。

8.3　大型桥梁工程的 GPS 动态监测试验

桥梁自振特性（自振频率、振型及阻尼系数）是反映桥梁自身特性和工作状态的重要参数。竣工桥梁在通车静动载试验中，测定桥梁结构自振特性可以验证理论计算值。桥梁在运营期间，或者遭受意外撞击，或经受地震以后，桥梁的工作状态有可能发生改变，通过对桥梁自振特性变化的监测，可以为确定桥梁运行状态提供可靠的科学依据。

目前，建筑结构动态特性测量的常用仪器设备是采用具有惯性传感器的加速度计，测试方法一般采用环境随机振动法（即利用建筑结构所处的环境引起的微小振动），检测并分析结构的动力特性。但是，在应用加速度计获取高精度的振幅和实现实时数据处理方面还存在缺陷。随着 GPS 软硬件的发展和 GPS 接收机采样率的提高，应用 GPS 连续、实时、高精度监测工程建筑物的动态变形已成为可能。为验证 GPS 测定桥梁结构自振特性的可行性，我们结合武汉长江二桥开展了 GPS 动态监测试验工作，本节将介绍其试验实施方案、数据分析过程及实测结果。

8.3.1 大型桥梁工程的 GPS 动态监测试验方案

(1) 桥梁工程概况

武汉长江二桥位于举世闻名的万里长江第一桥——武汉长江大桥下游 6.8km 处，桥轴线处于市区汉口黄浦路至武昌徐东路之间，与长江大桥及江汉一桥组成武汉三镇中心交通内环线。该桥于 1990 年初开始施工到 1996 年 6 月正式通过竣工验收。大桥正桥长 1876.1m，自北向南由 7×60m（钢筋混凝土连续梁）+83m+130m+125m（钢筋混凝土连续刚构）+180m+400m+180m（自锚式悬浮连续体系钢筋混凝土斜拉桥）+125m+130m+83m（钢筋混凝土连续刚构）组成，如图 8-3 所示。斜拉桥布置于主航道上，桥下通航净高 24m，斜拉桥部分桥面宽 29.4m，全桥自斜拉桥跨中向两侧设纵向下坡，斜拉桥部分为 $R=19003.8$m 的圆曲线，刚构和连续梁部分的纵坡为 2%，桥面横向自中央向两侧设 1.5%的流水坡。

(2) 试验方案

试验中采用了 Trimble 5700 双频 GPS 接收机 3 台（套）。其中，1台接收机设置在南岸，作为基准站；1台接收机设置在北岸，作为参考点；另1台接收机固定在正桥主跨中央的桥梁上游人行道内侧栏杆上，作为监测点，如图8－4所示。试验中，设置2个参考站的目的在于对比分析监测点与参考点相对于基准站的观测数据序列的变化及质量情况。图8－4中，3点之间的间距分别为657m（*WH*01～*WH*02）、1730m（*WH*01～*WH*03）、1078m（*WH*02～*WH*03）。

图8－3　武汉长江二桥的概貌

设置的3个测站的周边环境均较好，周围无明显遮挡和干扰源。监测点上的GPS天线是采用测杆与斜拉桥跨中的桥梁栏杆固联在一起的，能够完全反映桥梁的振动状态。

数据采集时间是2002年1月23日的下午，采用环境随机振动法，风很小，天气状态良好，桥面正常通车。GPS接收机的数据采样率设置为0.1s。卫星高度角限值设置为15°，按动态观测模式连续观测，3个测站同步观测的数据约1h。

8.3.2　大型桥梁工程的GPS动态监测试验结果及分析

（1）观测数据处理

按OTF算法对观测数据进行处理，将*WH*01点作为固定基准，可以同时获得监测点（*WH*02）和参考点（*WH*03）相对于基准站（*WH*01）在 WGS－84 坐标系下每个历元的三维大地坐标（B_i、L_i、H_i）。然后，进行投影变换，将大地坐标（B_i、L_i）变换为平面坐标（x_i、y_i），这样，可以得到点位的三维坐标（x_i、y_i、H_i）数据序列。需要说明的是，受软件限制，数据处理仅按 0.5s 采样间隔处理原始观测数据。

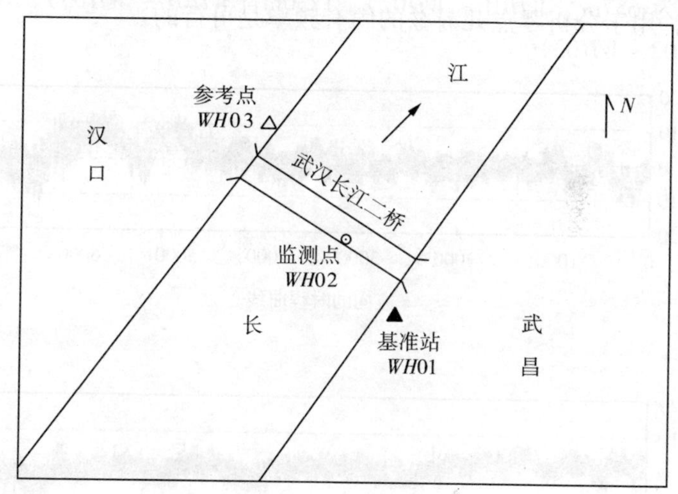

图 8－4　GPS 动态监测方案示意图

取 3 台 GPS 接收机同步观测数据作分析，0.5s 间隔的公共历元数有 7078 个，图 8－5 为监测点（*WH*02）的三维数据序列经均值化后的时程曲线。由图 8－5 的时程曲线可知：整个时程曲线的变化量，水平方向在 ±1cm 左右，最大不超过 ±2cm；垂直方向一般在 ±2cm 左右，最大不超过 ±6cm。它符合动态 GPS 测量的正常精度，表明 GPS 观测质量是好的，数据处理结果可靠。但从图中，我们不可能直观地看出桥梁结构的自振特性。

（2）频谱分析结果

采用频谱分析法，可以对试验所获取的三维数据序列时程曲线分别进行处理，计算出相应的频谱特征。

对于桥梁等建筑结构，由于质量巨大，其结构刚度与其质量相比显得较小，因此，建筑结构固有频率较低，一般在 0.1～10Hz 范围。采用空间有限元分析程序可以对武汉长江二桥正桥主跨的自振特性进行计算分析，其竖向弯曲的基振频率理论计算值为 0.2558Hz。而 GPS 观测数据序列是按 0.5s（即 2Hz）时间采样率进行计算得到的，该数据序列所包含的频率范围在 0～1Hz 之间，用于分析零点几赫兹的固有频率是可行的。

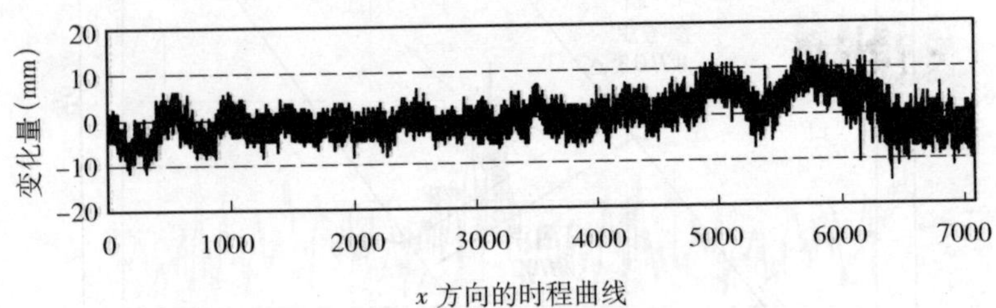

x 方向的时程曲线

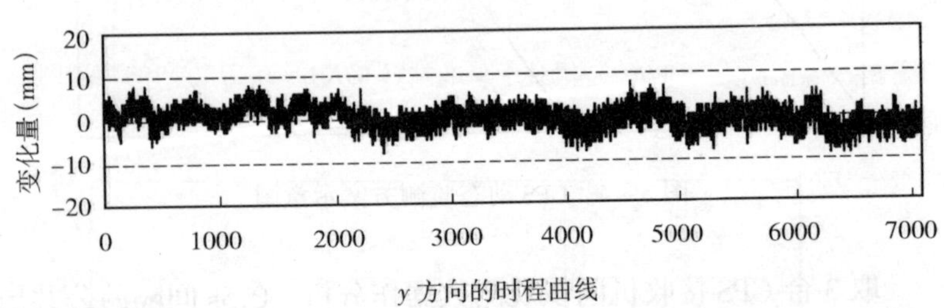

y 方向的时程曲线

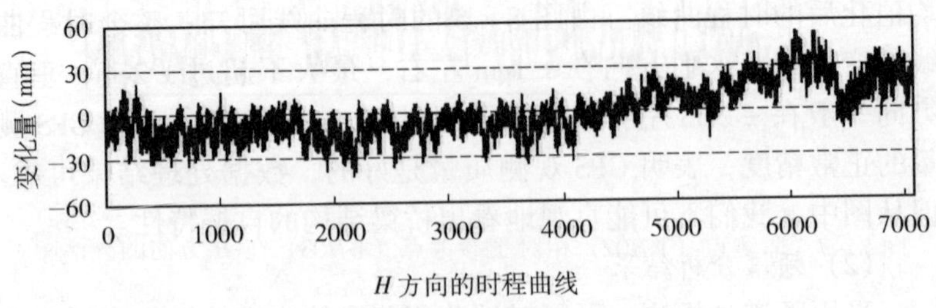

H 方向的时程曲线

图 8－5　监测点的数据处理结果

为了直观起见，图 8-6 和图 8-7 给出的是监测点（*WH*02）相对于基准站（*WH*01）和参考点（*WH*03）在 *H* 方向的频谱图，所对应的频率范围为 0.24~0.30Hz。作为对比，同时给出了参考点（*WH*03）相对于基准站（*WH*01）在 *H* 方向的频谱图（图 8-8）。

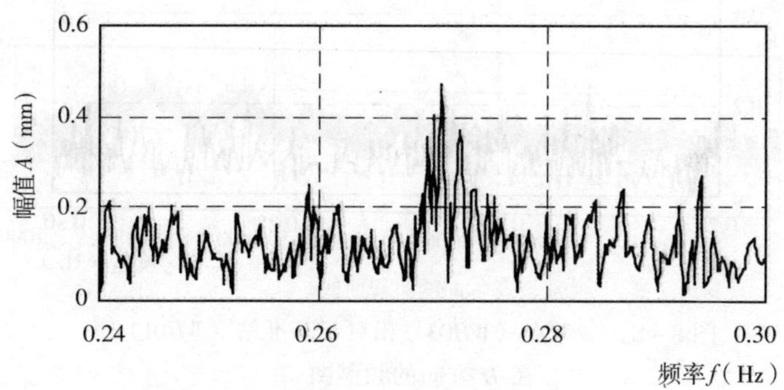

图 8-6　监测点（*WH*02）相对于基准站（*WH*01）在 *H* 方向的频谱图

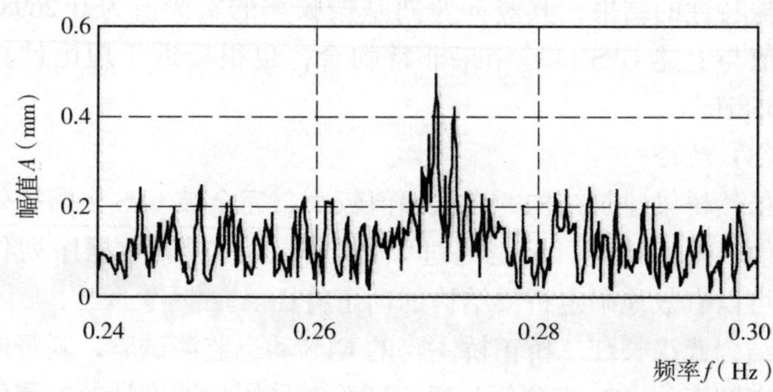

图 8-7　监测点（*WH*02）相对于参考点（*WH*03）在 *H* 方向的频谱图

分析图 8-6 与图 8-7 不难发现，图 8-6 中最大幅值（0.47mm）所对应的频率与图 8-7 中最大幅值（0.49mm）所对应的频率是相同的，均为0.2707Hz，而且，两者的最大幅值非常接近。可见，由基准站（*WH*01）或由参考点（*WH*03）计算监测点（*WH*02）在 *H* 方向的动态特征是一致的，这一特性在图8-8中不存在。

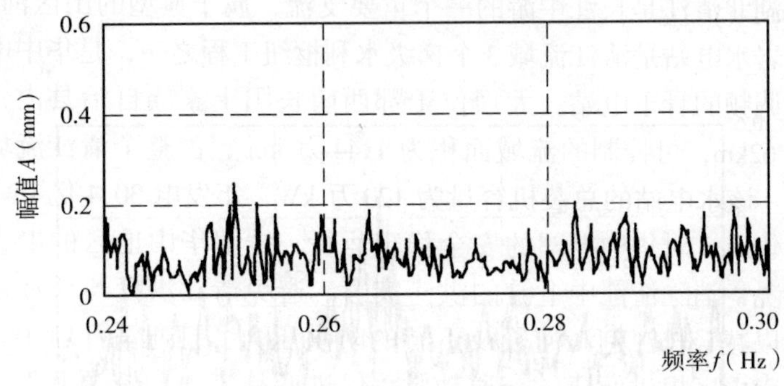

图8-8　参考点（*WH*03）相对于基准站（*WH*01）在 *H* 方向的频谱图

参考武汉长江二桥通车静动载试验时采用加速度计测试斜拉桥自振特性的结果，其竖向弯曲基振频率的实测值为0.2698Hz，该数值与上述GPS试验结果非常吻合，也很接近于理论计算值(0.2558Hz)。

(3) 结论

虽然桥梁建筑结构的自振幅值较小，完全被GPS多路径效应和其他误差所掩盖，但是通过频谱分析法对观测数据序列作变换，可以有效地确定桥梁结构的动态特征。

结合武汉长江二桥正桥主跨的GPS动态监测试验，其竖向一阶固有频率的GPS实测值与通车试验时采用加速度计的实测值十分吻合，也很接近于理论计算值，表明应用动态GPS监测大型桥梁的动态特性是可行的，为桥梁自振特性测试提供了一种新的、有效的测量手段。

水平横向的试验结果未列出，其效果与竖向测试结果相类似。

8.4 隔河岩大坝GPS自动化监测系统

8.4.1 概述

湖北清江是长江中游的一个重要支流，属于典型的山区河流。隔河岩水电站是清江流域3个梯级水利枢纽工程之一，是华中电网调峰调频的骨干电站。大坝位于鄂西南长阳土家族自治县内，距河口62km，可控制的流域面积为1.44万km^2，占整个清江流域的85%。该水电站的总装机容量为120万kW，年发电30.4亿kW·h。它的建成，对华中电网的安全稳定运行，缓解华中地区的电力紧张状况，消除清江中下游的洪涝灾害、避免清江洪峰与长江洪峰相遇以减轻长江荆江河段及下游的防洪压力、打通清江航道、为鄂西南山区提供便捷的交通动脉、促进商品流通和资源开发、促进清江流域的旅游事业等都具有十分重要的意义。

隔河岩大坝为三圆心变截面混凝土重力拱坝，外圆弧半径312m，最大坝高151m，坝顶弧线全长653.5m，坝顶高程206m。坝型结构较为新颖，坝体的下部（高程150m以下）为斜拱坝，上部（高程150m以上）为重力坝，如图8-9所示。

图8-9 湖北清江隔河岩大坝

隔河岩水利枢纽工程于 1994 年基本建成，由于大坝的工程规模大，坝型独特，地质条件复杂，其安全性至关重要，所以在设计与施工建设过程中配备了各种监测系统，其中，变形监测采用的有：正、倒锤线，三角网，弦矢导线，定边测距，精密水准，静力水准，钢丝位移计等。这些传统方法与仪器设备的使用，主要靠人工方式进行数据采集，因而，观测周期长，同步性差，尤其在汛期、地震等紧急状态下，不能实时、连续完成数据采集，难以及时监控和评估工程的安全状况，安全监测的资料整理分析和信息的反馈存在严重的滞后。鉴于此，隔河岩工程于 1996 年开始着手安全监测自动化系统的建立工作，其中，内观部分由南京电力自动化研究院承担，外观部分由原武汉测绘科技大学承担，外观部分的重点就是“清江隔河岩大坝外观变形 GPS 自动化监测系统”。该套系统中各 GPS 点位的分布情况见图 8－10。

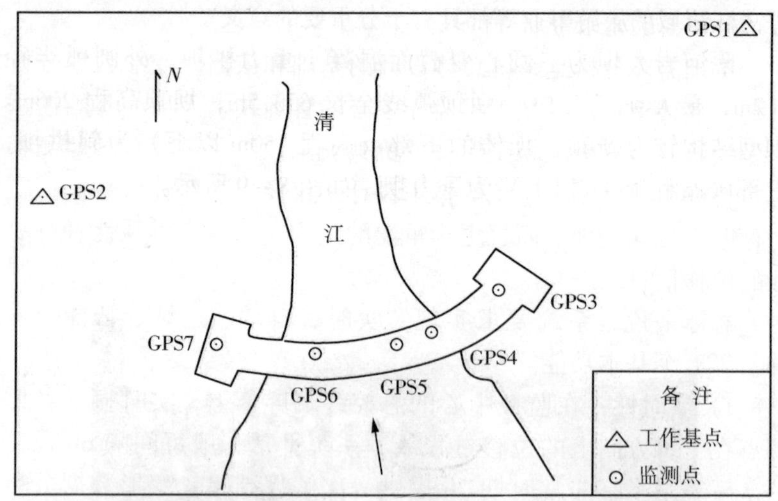

图 8－10 隔河岩大坝 GPS 监测点位分布图

利用全球定位系统（GPS）建立隔河岩大坝外观变形监测自动化系统的最终目的是确保隔河岩水电站的安全和正常运营。该套系统的软件包括总控、数据采集、数据处理、数据分析和数据库管理等 5 个模块。作为本系统的重要组成部分——GPS 观测数据的变形分析，其作用在于准确、可靠地提供变形监测工作基准的稳定性和监测点的变形状况。软件设计要求紧紧围绕本系统的重要特点（实时性、连续性、自动化、精度高、成果准确和可靠等）而开展工作。

由于 GPS 用于大坝变形的全自动化监测在我国尚属首例，国际上有关的技术报道也少见，而经历数十年广大测量工作者的实践探索与完善，趋于成熟的常规大地测量法与 GPS 法相比较又有较大差异，很难仿效或沿用，因此，数据分析系统设计及其各功能模块的实现需要结合实际情况来考虑，并要求经受实践的检验而作进一步地完善。本节根据该系统的特点和软件工程的要求，就连续变形数据自动分析软件设计思想及方法进行介绍。

8.4.2 设计思想

(1) 系统需求分析

系统需求分析是系统总体设计的基础和依据。变形数据分析系统的直接用户是大坝工程监控中心的管理技术人员，其间接用户是为研究与分析大坝变形并评价其安全性以及考察 GPS 监测状态的特许用户。整个系统的技术设计不仅要求变形分析数据的自动存取和自动处理，而且更为重要的是为用户提供直观性和可靠性的位移信息。

总体来说，系统要求实现“实时、自动、连续、智能、可靠”等五个基本功能。

1）实时性：在监控中心的总控终端屏幕上，实时显示各监测点在三维方向上的位移过程线。系统平常一般每间隔 6h 提供一次解算结果，非常时期 2h 提供一次解算结果。变形数据分析的过程及结果显示要求实时性。

2）自动化：由于整个系统要求实现监测过程的全自动化，不要人工值守，因此，变形数据分析的过程及结果显示必须全自动化。

3）连续性：整套 GPS 监测系统的观测数据是连续的，虽然在进行数据处理时采用的是每间隔 6h 或 2h 提供一次解算结果的方法，但相对而言，这一数据解算结果在整个时间序列中具有连续性。因此，变形数据分析及其提供的结果要求连续。

4）智能化：由于上述的实时性和自动化需求，因此在变形分析系统中所采用的数据分析工具（方法）要求成熟的专家知识，实现人工智能和计算智能。

5）可靠性：变形监测成果是供大坝安全性作决策的，因此，变形数据分析的结果必须准确、可靠。

同时，系统还应具有较好的延伸功能，包括软件系统的可扩展性、安全性、可维护性和个性化需求。

（2）系统设计的主要技术问题及解决思路

依据“隔河岩大坝外观变形与高边坡安全 GPS 自动化监测系统技术设计（1996）”，数据分析软件要对变形信息及所含的各种误差，进行数理统计分析和变化规律分析，从各种噪声中提取可靠的变形量，以图形及数据形式描述这些变形特征，并实时传送给变形监测与安全管理控制部门。变形数据分析软件设计的主要技术难点及解决思路可概括为：

1）变形分析数据的自动存取。数据分析模块要与数据处理、总控、数据库管理等模块发生数据存取的联系，一旦当前观测时段的 GPS 数据处理工作完成，坐标转换及误差处理程序就自动运行，此时需要读取数据处理结果文件中的必要数据信息。当前观测时段的处理工作完成后，总控就会检测到工作站的消息，并根据消息内容将结果文件自动存入数据库，并传送到服务器中作备份。同时，PC 机上数据分析系统中的位移过程线要求按月自动打印，总控对跨月的观测时段会自动给数据分析系统发送月份的消息，并启动数据分析系统的运行程序，数据分析系统在得到总控传送的消息后，将自动打印当前整个月份的各监测点的位移过程线各一份。另外，PC 机上数据分析用到的一切数据都必须从数据库中提取。

2）变形分析数据的自动处理。主要包括：WGS－84 系至大坝坐标系的成果转换、粗差剔除与误差处理、工作基点的稳定性分析、各观测时段的精度分析、各监测点的变形分析、位移（以及水位和温度）过程线描述、变形的时频分析等内容。

3）数据分析结果的自动显示和输出。数据分析结果的显示实现自动化，同时要求做到图形美观、表达合理、一目了然。主要体现在：色彩搭配得当，点、线划粗细合理，文字说明简练，位移量与时间的关系配置合理，窗口分配得当等。另外，有关必要的信息文件可自动及时输出。

4）运行错误监控。编程过程中应预计到一切可能出现的运行错误情况，提示出错的相关原因，并给出处理措施。

5）性能要求。主要指监测点位移的精度；数据分析及结果显示与输出所需要的时间；变形分析成果的可靠性；数据分析系统运行时的稳定性等。为此，实际编程时，除了要合理地应用数据分析模型之外，更为重要的是要考虑各种错综复杂的情况，比如，两个工作基点和坝面各个监测点的接收机若不能完全正常运行，只有一个或没有工作基点时的情况应该如何考虑；1h 或 2h、6h 解的情况如何综合处理；某一或某些接收机因停电、检修或故障而引起某一时段或一定时期出现数据“断链”时，数据的时序问题如何衔接等。

6）软件的安全性和可维护性。安全性是指非特许用户保密，误操作保护。可维护性要求软件具有可测试性、可理解性和可修改性。

7）特殊考虑。变形数据分析工作一般都带有研究性质，因此，软件设计时要尽量为专业技术人员提供多种方案结果进行比较的功能。比如，对于位移过程线的描述可以是原始结果的位移过程线，也可以是经误差处理之后的位移过程线，或经基准改正后的位移过程线等。

(3) 逻辑模型

由于系统的数据处理工作是在 HP 工作站上进行的，而 PC 机承担的是主控与管理，所以，出于实用上的考虑，我们将数据分析工作也有针对性的划分为两部分：一部分放在 HP 工作站上，完全实现自动化；另一部分放在 PC 机上，可以由操作人员进行交互式访问。变形数据分析的逻辑模型可用图 8－11 所示的数据流程（DFD，Data Flow Diagram）进行描述。

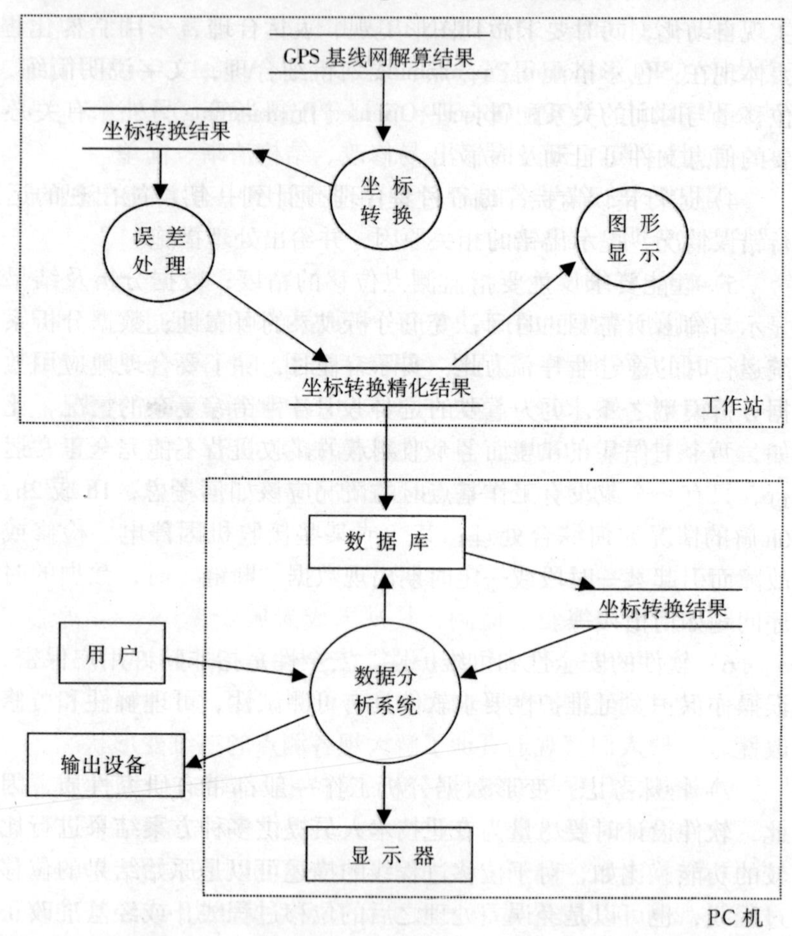

图 8－11　变形数据分析系统的数据流图（DFD）

(4) 软件开发平台、环境和风格

软件开发平台和环境：PC 机上采用了 Windows 95 中文版环

境下的通用软件开发平台 Visual C ++ 5.0 实现数据分析系统。工作站上采用 UNIX 操作系统环境下的标准 C 语言及支持三维图形功能的窗口系统 PEX 实现图形显示，FORTRAN 语言实现坐标转换和误差处理。

程序设计方法：FORTRAN 语言和标准 C 语言采用结构化程序设计（SP，Structure Programming）方法，Visual C ++ 采用面向对象程序设计（OOP，Object – Oriented Programming）方法。

质量标准：正确、易读、易修改、结构清晰、简单。

编程要求：符号名的命名要合理；程序中有必需的注释行；程序层次分明，错落有序。

8.4.3 详细设计

详细设计的目的在于决定每个模块内部的处理过程，即具体算法。可以采用程序流程图（即程序框图）进行每一功能模块设计。设计时，要求每一模块在总体设计中起到应有的作用，它必须完成某种特定的功能，且应使该模块的功能保持在该模块的控制范围之内。同时，还要注意模块的可靠性、通用性、可维护性及简单性等。

（1）坐标变换

GPS 用于大坝变形监测，其观测成果属于 WGS – 84 地心坐标系，而实用坐标系为大坝工程独立坐标系。对于拱坝，还要将位移量转换到监测点的径向和切向方向上。因此，需要进行坐标转换，以便人们直观逼真地了解大坝各测点的三维变形状况。

本模块采用保持 GPS 网转换后定位定向基准与大坝坐标系定义完全重合的转换方法。在进行坐标转换之前，首要工作就是确定坐标转换参数。隔河岩大坝坝区形变监测网原采用大地测量法进行过观测，其成果属于大坝坐标系，后来改用 GPS 法进行测量。因此，我们可以选用其中具有代表性的 2 个或者多个公共点来确定坐标转换参数。

必须强调的是，坐标转换参数一旦确定，就得长期保持不变，以便坐标转换成果有固定的参照基准，以便于变形分析。

坐标转换的具体算法见流程图 8－12。该程序模块在工作站上按实时、自动方式实现。进行坐标转换时，不仅涉及到平面位置的转换，而且还包括相应精度因子的转换。高程方向的变形分析直接采用 WGS－84 坐标系的大地高。

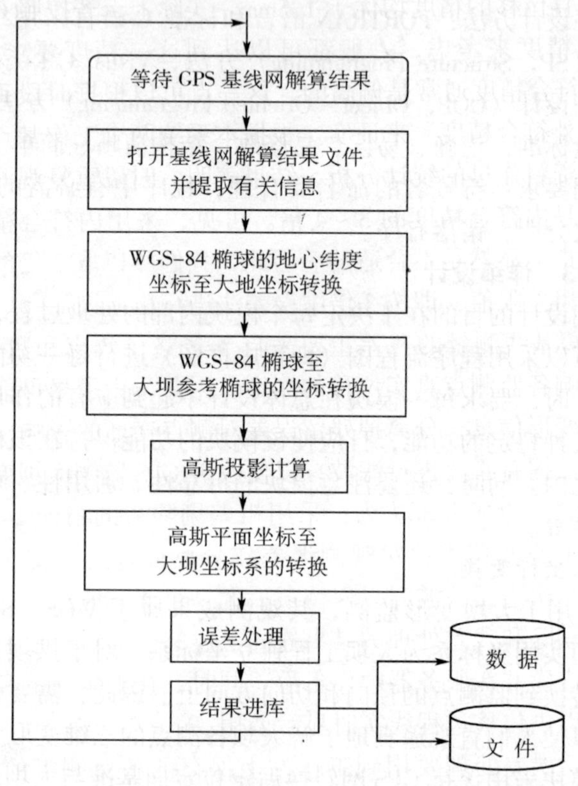

图 8－12　坐标转换流程图

(2) 误差处理

误差处理包括粗差剔除和残差处理两项内容。

GPS 长期的连续观测，由于受特定环境的影响，总会存在个别时段解算结果的质量较差，该时段求得的三维位移量相对于其他观测时段而言属于异常现象，可作为粗差进行处理。长期观测的实践结果表明，短基线 GPS 时段观测具有很好的内符合精度。对于隔河岩大坝 GPS 监测系统，技术设计的精度指标要求为：6h 解的水平位移及垂直位移的精度均优于 1.0mm，1~2h 解的水平位移及垂直位移的精度均优于 1.5mm。实际上，若按照 GPS 观测的内符合精度来考虑，一般都可以达到这一精度要求。但是，GPS 的内符合精度通常是偏高的，这一点可以根据时段重复观测的较差（外符合精度）来证实。根据本系统两个工作基点约一年半的观测资料作过的统计分析，结果表明，时段重复观测的较差精度大致是内符合精度的 3~4 倍。可见，采用内符合精度作为粗差判定指标显然是不合适的。为此，我们可以取 3 倍的外符合精度作为粗差限值，即按 3 倍中误差法进行粗差剔除。

GPS 短基线测量的残差主要来自于多路径效应和数据解算，其最终影响各监测点真实位移的测定。因此，为了尽可能地提取各监测点变形信息，分离掉残留误差对测点变形的影响，对变形监测序列数据有必要进行滤波，以便改善 GPS 监测大坝变形的外部精度。滤波的基本做法为：采用粗差剔除后的当前 24 组观测数据，应用滤波技术，对观测误差作分离处理。除初次滤波之外，以后每次进行滤波时只保留最后的一个滤波值。

粗差剔除和残差处理的结果连同上述的坐标转换成果一道由总控操纵进库并在服务器中作备份。同时，在工作站上存入结果文件中，以供位移过程线实时显示调用。

另外，误差处理要用到工作站上保存的各监测点的当前 24 组观测数据文件，此 24 组观测数据是按存取的时间先后顺序记录的，每组数据中带有观测时间的记录，以便查看。当一组新的观测数据进入，就将第一组观测数据删除，始终保持当前最新的 24 组观测数据。因此，对于工作站上的管理操作，不能随意删除这些数据文件及数据文件中的任何记录。

（3）工作基点稳定性分析

变形监测成果一般是相对于某一基准的，如果基准本身有变化，而在变形分析中未加以考虑，分析的结果就会失去意义。因此，基准点的稳定性状况对 GPS 形变监测分析至关重要。通常将形变监测的基准分为参考基准和工作基准两类：参考基准的稳定性分析属于整个坝区形变监测网工作的范围，目前用 GPS 每年观测一次。在 GPS 自动化监测系统中，有两个工作基准点，分别为左岸的 GPS1 和右岸的 GPS2，这两个工作基点本身为坝区的形变监测网点。由于坝区形变监测网的观测周期时间间隔较长，因此，利用当前已有的 GPS 观测成果及时地对这两个工作基准点的相对稳定性作分析很有必要。

工作基点的相对稳定性分析可在 WGS－84 坐标系下进行。通过比较后续各观测时段相对于选定的起始观测时段的三维空间分量（ΔN，ΔE，ΔU）的变化趋势，应用数理统计理论，便可识别变化量的起因。靠设置一定的阈值，认为变化量落入该阈值的是由于观测误差引起，否则，认为工作基点可能变动或观测存在粗差，此时对成果需要及时做出分析和处理意见。其算法流程图见图 8－13。

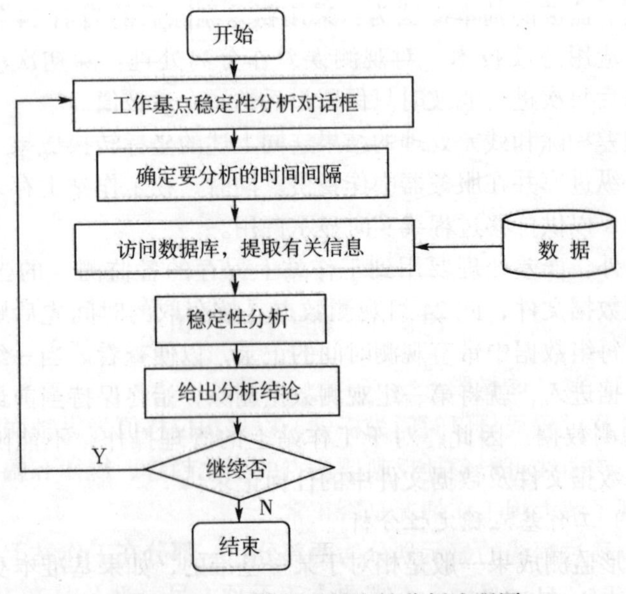

图 8－13　工作基点稳定性分析流程图

(4) 精度分析

作为质量控制的一部分，GPS形变监测的精度分析在于体现观测时段内各监测点的观测精度是否达到了设计精度要求。这部分工作在各观测时段内进行，要求直观地体现各监测点三维精度情况。平面精度用大坝坐标系中的点位误差椭圆描述，高程精度用 WGS-84 系的大地高精度描述。其算法流程如图 8-14 所示。

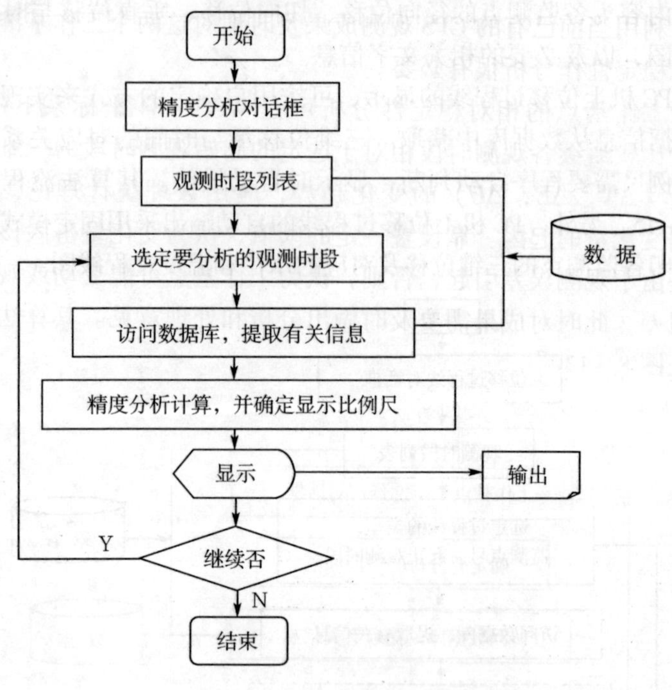

图 8-14 精度分析流程图

(5) 位移过程线

位移过程线是以时间为横轴，以累积位移值为纵轴而绘制的曲线。该曲线可形象地反映监测点的变化趋势、规律和幅度，用于直观了解大坝工作情况是否正常。

位移过程线的显示划分为两部分：一部分在工作站上以固定模式实时、自动显示，不需要人工干预；另一部分是在 PC 机上

按用户确定的方式自动显示。

基于工作站的固定模式位移过程线实时显示，可采用工作站上支持三维图形功能的窗口系统 PEX 及图像库，以图像作为用户界面，实现位移过程线实时绘制。所需信息从存于工作站上的数据文件中获取。位移过程线显示时，当有一个新的观测时段结果出现，就把一个旧的观测时段去掉，做到实时、自动显示。显示的内容为各监测点的径向位移、切向位移、垂直位移与时间的关系图，以及必要的相关文字信息。

PC 机上位移过程线的显示，可按用户确定的方式来实现，所需数据信息从数据库中获取。三维位移量与时间的对应关系和显示比例尺需要程序自动判断，显示时自动描绘。其算法流程图见图 8－15。另外，PC 机上位移过程线的自动输出采用固定模式，按月打印各监测点的三维位移及对应的水位和温度过程线图。

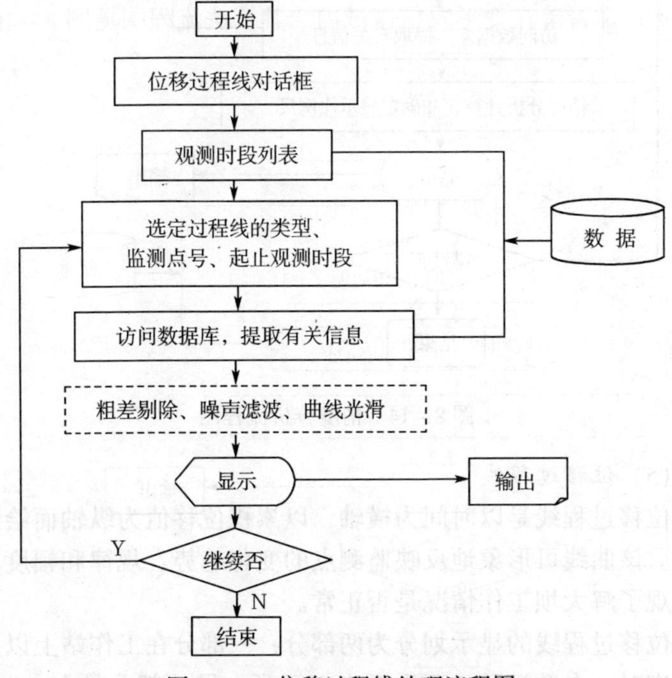

图 8－15 位移过程线处理流程图

(6) 监测点的变形分析

对于三维形变监测，可用变形误差椭球来判断监测点是否稳定。但是，为了图形显示直观，可将其分为水平位移和垂直位移两部分来考虑。监测点水平位移分析可采用变形误差椭圆法，垂直位移分析可采用 t 检验法。

1）变形误差椭圆与相对误差椭圆概念类似，前者是同一点的两期坐标差的误差椭圆，后者是同一期网内两点坐标差的误差椭圆。该法的检验方法是在每一监测点上绘出变形误差椭圆，此椭圆是取 K 倍（一般取 2 倍）中误差作为极限的极限误差椭圆，根据该点位移向量的分布是否落在这个椭圆之内，来判断位移是否显著。

2）t 检验法的实质是对两期观测的坐标差进行位移显著性检验，其前提是要求两期观测同精度。检验方法是在给定显著水平 α 条件下，由双尾 t 检验的临界值 $t_{\alpha/2}$，判断监测点的大地高差值 $\mathrm{d}H_i$ 是否落在变形置信区域内。其算法流程图见图 8 - 16。

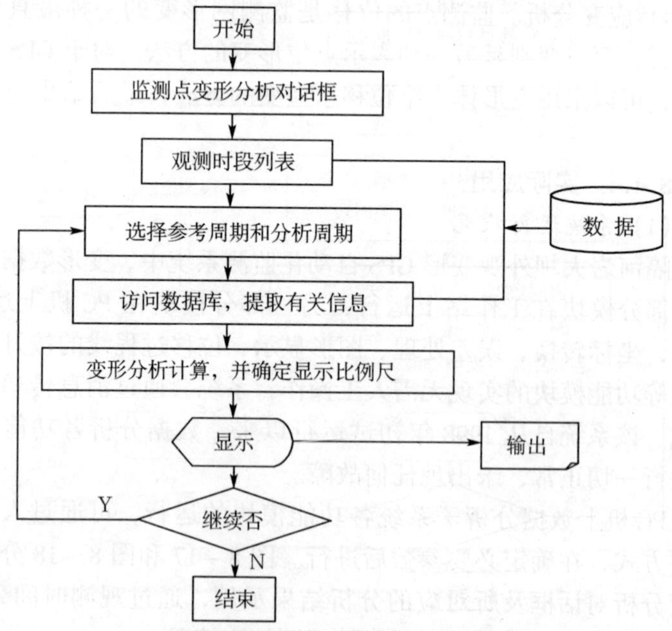

图 8 - 16 监测点变形分析流程图

(7) 其他分析模块

虽然上述各模块的实现基本上可以保证对监测点变形状态的直观描述，但是，专业技术人员可能更感兴趣于监测点的时空关系及对未来的预测。因此，变形数据分析系统有必要进一步丰富这方面的模块设计。目前，变形数据时空分析与预报的方法很多，但一般都是从时域或频域的角度去实现数学建模的。

1）时域分析。时域分析可应用时间序列分析中的 ARMA (n, m) 模型（自回归滑动平均模型 – AutoRegressive Moving Average Model）来建立各监测点的动态变形规律，并用于预报。

2）频域分析。频域分析可通过傅立叶（Fourier）级数变换，采用频谱分析方法，从频域上揭示变形时序隐含的规律及其周期特征。

3）时频分析。目前，时频综合分析的最好方法是采用小波分析理论。

4）应变分析。监测点的位移是监测网形变的一种最直观表达方式，而应变则是另一种表示点位形变的方法。对于 GPS 形变监测，可以采用变形体三维位移求应变的方法，最后给出应变场图。

8.4.4 实际应用

(1) 系统运行状况

隔河岩大坝外观变形 GPS 自动化监测系统中，变形数据分析的一部分模块在工作站上运行，另一部分模块在 PC 机上运行。其中，坐标转换、误差处理、图形显示、位移过程线的按月自动打印等功能模块的实现无需人工操作，系统会通过消息传递自动完成。该系统自从 1998 年初试运行以来，数据分析各功能模块的运行一切正常，未出现任何故障。

PC 机上数据分析子系统各功能模块的运行，可通过人机交互的方式，在确定必要参数后进行。图 8 – 17 和图 8 – 18 分别为精度分析对话框及所对应的分析结果示例，通过观测时间列表，我们可以察看并打印任何时段的观测精度情况。

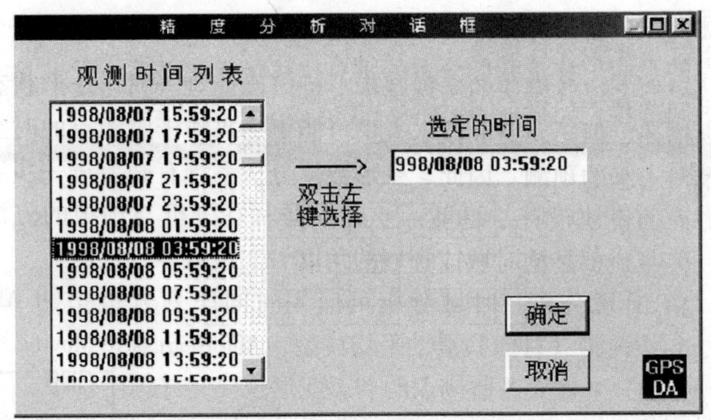

图 8－17　精度分析对话框

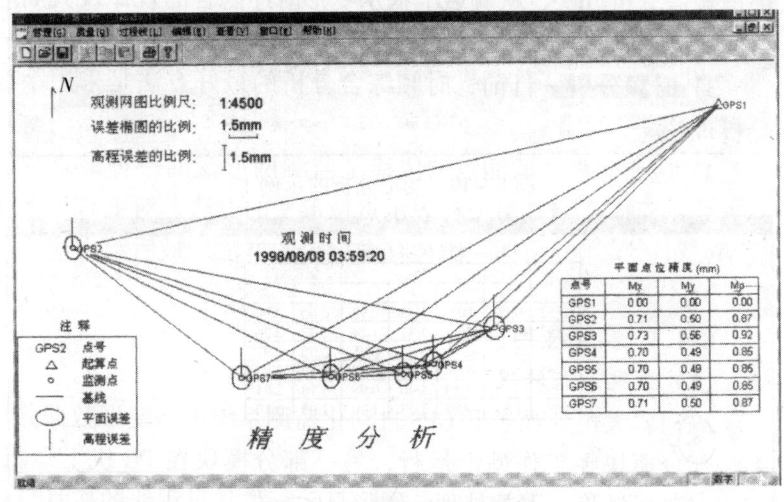

平面点位精度 (mm)

点号	Mx	My	Mp
GPS1	0.00	0.00	0.00
GPS2	0.71	0.50	0.87
GPS3	0.73	0.56	0.92
GPS4	0.70	0.49	0.85
GPS5	0.70	0.49	0.85
GPS6	0.70	0.49	0.85
GPS7	0.71	0.50	0.87

图 8－18　精度分析的示例

图 8－19 和图 8－20 为本系统的监测点变形分析结果示例。软件提供了 2 种变形分析模式：原始模式和精化模式。当要查看未作任何误差处理之前的变形情况时，可选择原始模式。通常情况下，应选择精化模式进行变形分析。图 8－19 为两临近观测时段的变形分析结果，从图中可见，无论是平面位移量，还是垂直位移量，均在误差允许范围之内。图 8－20 为间隔 5d 之后，两

观测时段的变形分析结果，由于受水位等因素变化的影响，各监测点的平面位移量和部分点的垂直位移量变化显著，尤其是在坝的中间部位，如拱冠点 GPS6，其位移量数值最大。

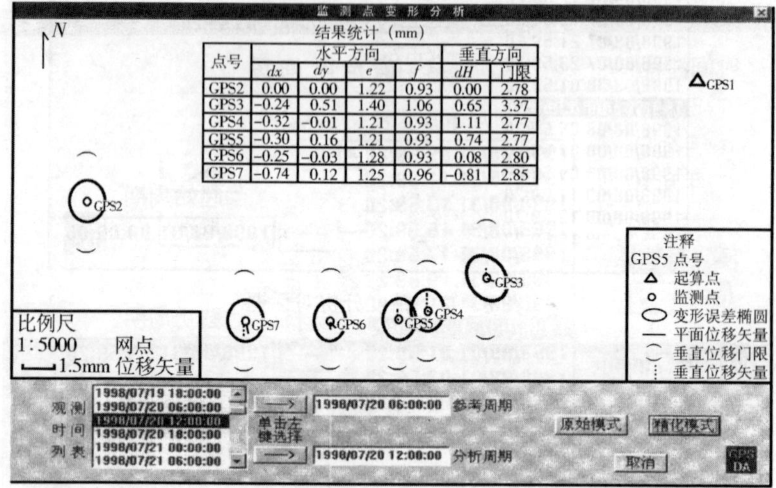

结果统计（mm）

点号	水平方向				垂直方向	
	dx	*dy*	*e*	*f*	*dH*	门限
GPS2	0.00	0.00	1.22	0.93	0.00	2.78
GPS3	-0.24	0.51	1.40	1.06	0.65	3.37
GPS4	-0.32	-0.01	1.21	0.93	1.11	2.77
GPS5	-0.30	0.16	1.21	0.93	0.74	2.77
GPS6	-0.25	-0.03	1.28	0.93	0.08	2.80
GPS7	-0.74	0.12	1.25	0.96	-0.81	2.85

图 8-19 变形分析的示例 1

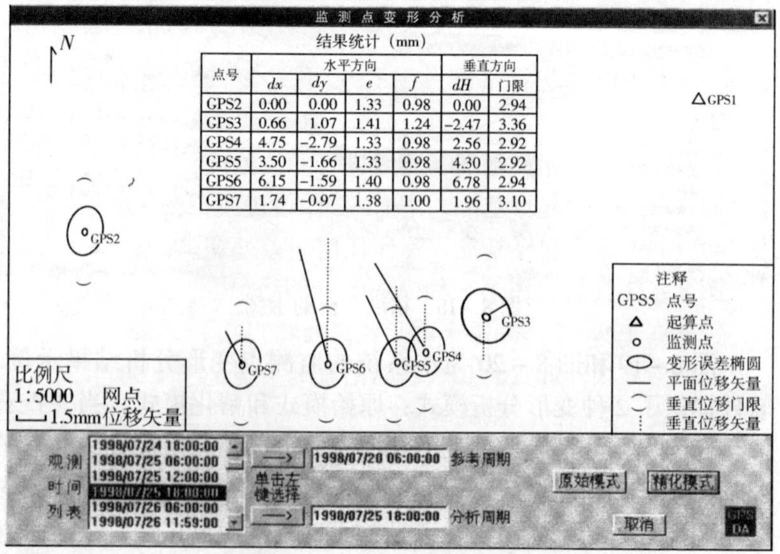

结果统计（mm）

点号	水平方向				垂直方向	
	dx	*dy*	*e*	*f*	*dH*	门限
GPS2	0.00	0.00	1.33	0.98	0.00	2.94
GPS3	0.66	1.07	1.41	1.24	-2.47	3.36
GPS4	4.75	-2.79	1.33	0.98	2.56	2.92
GPS5	3.50	-1.66	1.33	0.98	4.30	2.92
GPS6	6.15	-1.59	1.40	0.98	6.78	2.94
GPS7	1.74	-0.97	1.38	1.00	1.96	3.10

图 8-20 变形分析的示例 2

图 8－21 是位移过程线的参数确定对话框，其相应的位移过程线结果为图 8－22。在软件中，位移过程线的表示考虑了这样 4 种模式：

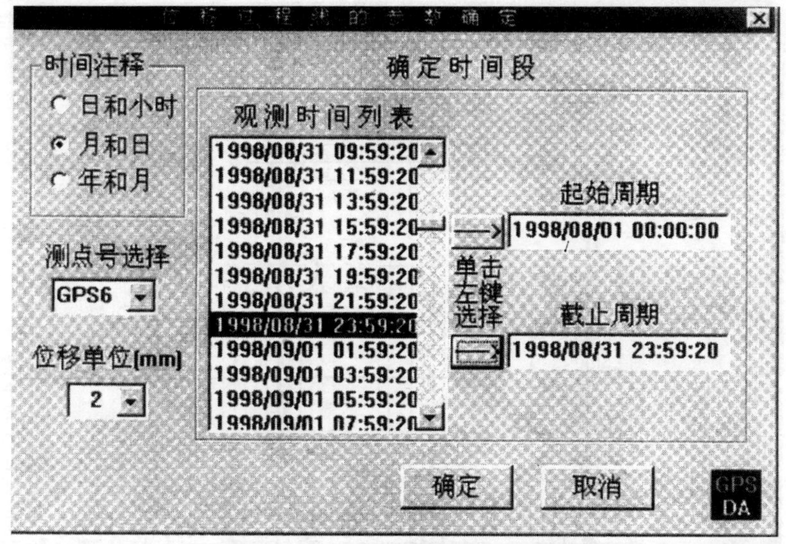

图 8－21　位移过程线的参数确定

1）GPS1 作为起算基准，用 GPS2 作位置改正，再进行滤波处理；

2）GPS1 作为起算基准，之后进行滤波处理；

3）GPS1 作为起算基准，用 GPS2 作位置改正；

4）GPS1 作为起算基准，不作任何误差处理。

图 8－22 仅为上述第二种模式的示例结果。

(2) 在 1998 年抗洪错峰中所发挥的作用

隔河岩大坝外观变形 GPS 自动化监测系统是于 1998 年 3 月 15 日开始正式试运行的。在试运行期间，正逢有史记载以来的特大洪水，该系统经受了考验，在整个汛期运行正常，精度与人工观测结果符合得很好。尤其是给防汛指挥部提供的每 2h 一次高精度、可靠的大坝位移数值，为隔河岩水库高水位贮水提供了的科学依据，它充分体现了当代高新技术在关键时刻所发挥的巨大作用。

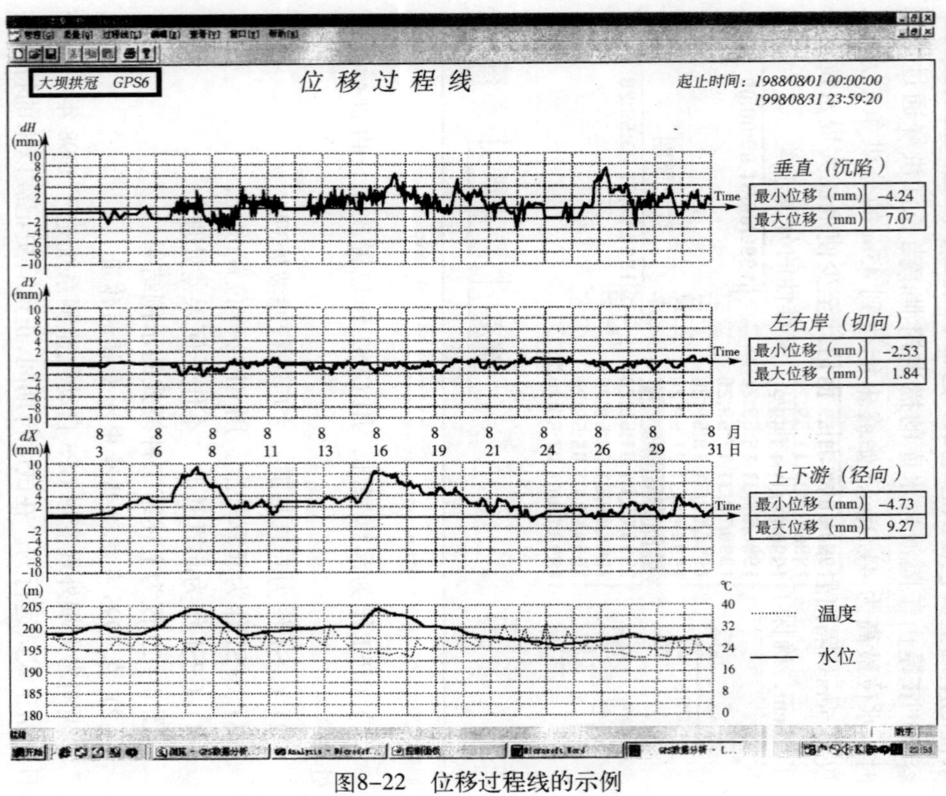

图8-22 位移过程线的示例

隔河岩水库设计的汛限水位为193.6m，最高蓄水水位200m。1998年8月8日，为了与长江错峰，隔河岩水位达到203.94m，水位直逼204m的5000年一遇的设计校核水位。在设计最大蓄水水位的基础上多拦蓄洪总量2.7亿 m^3，相当于一座大型水库的库容量。正是由于隔河岩水库的拦洪控泄，当长江洪峰通过荆州时，水位最高为44.95m，始终未能达到45m的分洪争取水位，仅差5cm。隔河岩水库的作用，据估计至少使荆江大堤水位下降了18cm，确保了安全渡汛，避免了灾难性的分洪。

主要参考文献

1 刘基余，李征航，王跃虎，桑吉章．全球定位系统原理及其应用．北京：测绘出版社，1993

2 徐绍铨，张华海，杨志强，王泽民．GPS测量原理及应用．武汉：武汉测绘科技大学出版社，1998

3 周忠漠，易杰军．GPS卫星测量原理及其应用．北京：测绘出版社，1992

4 刘大杰，施一民，过静君．全球定位系统（GPS）的原理与数据处理．上海：同济大学出版社，1996

5 许其凤．GPS卫星导航与精密定位．北京：解放军出版社，1994

6 朱华统．常用大地坐标系及其变换．北京：解放军出版社，1990

7 全球定位系统（GPS）测量规范（CH2001—92）．北京：测绘出版社，1992

8 全球定位系统城市测量技术规程（CJJ73—97）．北京：中国建筑工业出版社，1997

9 城市测量规范（CJJ8—99）．北京：中国建筑工业出版社，1995

10 建筑变形测量规程（JGJ/T8—97）．北京：中国建筑工业出版社，1998

11 建筑工程施工测量规程（JGJ01—21—95）．北京：中国建筑工业出版社，1996

12 建筑施工手册编写组．建筑施工手册（第四版）．北京：中国建筑工业出版社，2003

13 高层建筑混凝土结构技术规程（JGJ3—2002）．北京：中国建筑工业出版社，1991

14 现行建筑施工规范大全（修订本）．北京：中国建筑工业出版社，2003

15 胡世德等编．高层建筑施工（第二版）．北京：中国建筑工业出版社，1998

16 杨嗣信主编．高层建筑施工手册（第二版）．北京：中国建筑工业出版

社，2001
17 姚刚，张希黔．GPS技术在土木工程施工领域的应用现状与展望．施工技术，2002，31（2）：48～50
18 姚刚，张希黔，谭家兵．高层建筑施工GPS测量的误差分析．建筑技术开发，2002，29（10）：96～98
19 黄声享，尹晖，蒋征．变形监测数据处理．武汉大学出版社，2003
20 黄声享，刘经南，李征航．隔河岩大坝外观变形GPS自动化安全监测系统数据分析软件设计．武汉测绘科技大学学报，1998，23（Sup.）：50～55
21 黄声享，刘经南，柳响林．小波－变形分析模型及其在高层建筑动态监测中的应用．21世纪我国工程测量技术发展研讨会论文集，2001：298～304
22 黄声享，柳响林．GPS定位技术在高层建筑施工基准传递中的应用．测绘工程，2001，10（1）：37～40
23 黄声享．GPS测量控制网公共点兼容性分析．武测科技，1996（2）：1～6
24 黄声享．提高GPS基线解算质量的某些技术．工程勘察，1995（1）：47～51
25 黄声享．GPS用于测量实践的几个问题．测绘技术，1994（4）：6～11
26 张金序，黄声享．全球卫星定位技术在建筑工程施工中的应用．施工技术，2001，30（2）：29～31
27 张宏胜，姚刚．GPS在超高层建筑施工中应用探讨．重庆建筑大学学报，2000，22（3）：122～124
28 徐绍铨，李征航等．隔河岩大坝外观变形GPS自动化监测系统的建立．武汉测绘科技大学学报，1998，23（增刊）：1～4
29 罗志才，陈永奇，刘炎雄．GPS用于鉴别振动变形的实验研究．测绘学报，2000，29（2）：118～123
30 黄丁发，丁晓利，陈永奇等．GPS多路径效应影响与结构振动的小波筛分研究．测绘学报，2001，30（1）：36～41
31 Ashkenazi V，Dodson A H，Roberts G W．Real Time Monitoring of Bridges by GPS．In：Proceedings of the 21st International FIG Congress，Commission 5，1998．503～512
32 Ashkenazi V，Dodson A H，Moore T，Roberts G W．Real Time OTF GPS Monitoring of the Humber Bridges．Surveying World，1996，4（4）：26～28
33 Guo J J，Ge S J．Research of Displacement and Frequency of Tall Building under

Wind Load Using GPS. In: Proceedings of ION GPS'97, 1997. 1385 ~ 1388

34 Huang Sheng-xiang. Liu Jing-nan, Liu Xiang-lin. Wavelet Analysis of Dynamic Deformation Monitoring for High-Rise Buildings with GPS. In the Proceedings of 2002 International Symposium on GPS/GNSS, Wuhan, China, Nov. 6 ~ 8, 2002

35 Huang S X, Liu X L. Data Analysis of GPS Dynamic Monitoring for Tall Structure. In: Proceedings of IAG Workshop on Monitoring of Constructions and Local Geodynamic Process, Wuhan, China, May 2001. 243 ~ 249

36 Lovse J W, Teskey W F, Lachapelle G, et al. Dynamic Deformation Monitoring of a Tall Structure Using GPS Technology. Journal of Surveying Engineering, 1995, 121 (1): 35 ~ 40

37 Ogaja C, Rizos C, Wang J. Toward the Implementation of on-Line Structural Monitoring Using RTK-GPS and Analysis of Results Using the Wavelet Transform. In: Proceedings of the 10th FIG International Symposium on Deformation Measurements, California, USA, 2001. 284 ~ 293

丛 书 简 介

《工程建设新技术丛书》已出版如下两册：

《纤维混凝土技术及应用》　该书主要介绍纤维混凝土的试验研究、作用机理、物理力学性能，并介绍了杜拉纤维应用于我国的工程实例，在刚性自防水结构上应用纤维混凝土的经验，喷射纤维混凝土的应用，纤维用于沥青混凝土路面以及不同纤维在工程其他领域中的应用等。书中还汇集了 20 个重大工程和特殊工程应用纤维混凝土的工程实例。整本书全面系统地介绍了纤维混凝土技术的新进展。该书可供土木、水利、交通、路桥、港口等设计、研究与施工部门、工程技术人员参考使用。

徐至钧编著，本社书号：11201，536 页，2003 年 2 月出版，定价：26 元

《地板采暖与分户热计量技术》　该书根据《采暖通风与空气调节设计规范》（GBJ19—87）（2001 年版）、《建筑给水排水及采暖工程施工质量验收规范》（GB50242—2002）等国家现行技术规范，以建筑节能为主线，以相关新技术为依托，以低温热水地板辐射采暖（简称“地板采暖”）和分户热计量技术为重点，全面阐述了地板采暖和分户热计量的设计、监理、施工和工程项目管理等内容。另在部分章节后还附有建设部和部分省、市颁发的有关建筑节能法规。全书以重点技术为主，内容丰富、翔实，结构严谨，突出实用性。该书可供有关工程的设计、监理和施工人员学习应用，也可供大专院校相关专业师生学习参考。

卜一德编，本社书号：11452，428 页，2003 年 6 月出版，定价：20 元